从零开始学技术—土建工程系列

防 水 工

吴丽娜 主编

中国铁道出版社

2012年·北 京

内容提要

本书是按住房和城乡建设部、劳动和社会保障部发布的《职业技能标准》和《职业技能岗位鉴定规范》的内容，结合农民工实际情况，将农民工的理论知识和技能知识编成知识点的形式列出，系统地介绍了防水工的常用技术，内容包括屋面工程防水施工技术、地下工程防水施工技术、细部构造防水施工技术、其他工程防水施工技术等。本书技术内容最新、最实用，文字通俗易懂，语言生动，并辅以大量直观的图表，能满足不同文化层次的技术工人和读者的需要。

本书可作为建筑业农民工职业技能培训教材，也可供建筑工人自学以及高职、中职学生参考使用。

图书在版编目(CIP)数据

防水工/吴丽娜主编. —北京:中国铁道出版社，2012.6
(从零开始学技术. 土建工程系列)
ISBN 978-7-113-13590-4

Ⅰ.①防… Ⅱ.①吴… Ⅲ.①建筑防水—工程施工 Ⅳ.①TU761.1

中国版本图书馆 CIP 数据核字(2011)第 203814 号

书 名：从零开始学技术—土建工程系列
防 水 工
作 者：吴丽娜

策划编辑：江新锡 徐 艳
责任编辑：徐 艳 电话：010－51873193
助理编辑：胡娟娟
封面设计：郑春鹏
责任校对：孙 玫
责任印制：郭向伟

出版发行：中国铁道出版社(100054，北京市西城区右安门西街 8 号)
网 址：http://www.tdpress.com
印 刷：化学工业出版社印刷厂
版 次：2012 年 6 月第 1 版 2012 年 6 月第 1 次印刷
开 本：850mm×1168mm 1/32 印张：3.75 字数：95 千
书 号：ISBN 978-7-113-13590-4
定 价：12.00 元

从零开始学技术丛书
编写委员会

前 言

随着我国经济建设飞速发展，城乡建设规模日益扩大，建筑施工队伍不断增加，建筑工程基层施工人员肩负着重要的施工职责，是他们依据图纸上的建筑线条和数据，一砖一瓦地建成实实在在的建筑空间，他们技术水平的高低，直接关系到工程项目施工的质量和效率，关系到建筑物的经济和社会效益，关系到使用者的生命和财产安全，关系到企业的信誉、前途和发展。

建筑业是吸纳农村劳动力转移就业的主要行业，是农民工的用工主体，也是示范工程的实施主体。按照党中央和国务院的部署，要加大农民工的培训力度。通过开展示范工程，让企业和农民工成为最直接的受益者。

丛书结合原建设部、劳动和社会保障部发布的《职业技能标准》和《职业技能岗位鉴定规范》，以实现全面提高建设领域职工队伍整体素质，加快培养具有熟练操作技能的技术工人，尤其是加快提高建筑业基层施工人员职业技能水平，保证建筑工程质量和安全，促进广大基层施工人员就业为目标，按照国家职业资格等级划分要求，结合农民工实际情况，具体以“职业资格五级（初级工）”、“职业资格四级（中级工）”和“职业资格三级（高级工）”为重点而编写，是专为建筑业基层施工人员“量身订制”的一套培训教材。

同时，本套教材不仅涵盖了先进、成熟、实用的建筑工程施工技术，还包括了现代新材料、新技术、新工艺和环境、职业健康安全、节能环保等方面的知识，力求做到技术内容先进、实用，文字通俗易懂，语言生动，并辅以大量直观的图表，能满足不同文化层次的技术工人和读者的需要。

本丛书在编写上充分考虑了施工人员的知识需求，形象具体地阐述施工的要点及基本方法，以使读者从理论知识和技能知识两方面掌握关键点。全面介绍了施工人员在施工现场所应具备的技术及其操作岗位的基本要求，使刚入行的施工人员与上岗“零距离”接口，尽快入门，尽快地从一个新手转变成为一个技术高手。

从零开始学技术丛书共分三大系列，包括：土建工程、建筑安装工程、建筑装饰装修工程。

土建工程系列包括：

《测量放线工》、《架子工》、《混凝土工》、《钢筋工》、《油漆工》、《砌筑工》、《建筑电工》、《防水工》、《木工》、《抹灰工》、《中小型建筑机械操作工》。

建筑安装工程系列包括：

《电焊工》、《工程电气设备安装调试工》、《管道工》、《安装起重工》、《通风工》。

建筑装饰装修工程系列包括：

《镶贴工》、《装饰装修木工》、《金属工》、《涂裱工》、《幕墙制作工》、《幕墙安装工》。

本丛书编写特点：

(1)丛书内容以读者的理论知识和技能知识为主线，通过将理论知识和技能知识分篇，再将知识点按照【技能要点】的编写手法，读者将能够清楚、明了地掌握所需要的知识点，操作技能有所提高。

(2)以图表形式为主。丛书文字内容尽量以表格形式表现为主，内容简洁、明了，便于读者掌握。书中附有读者应知应会的图形内容。

编者

2012年3月

目　录

第一章　屋面工程防水施工技术

第一节　卷材防水屋面

【技能要点1】屋面防水层施工

1. 卷材防水层的施工

(1)卷材防水层的铺贴方法。

卷材防水屋的铺贴方法有满粘法、空铺法、条粘法和点粘法四种,其具体做法、优缺点和适用条件如下。

1)满粘法。满粘法又叫全粘法,即在铺贴防水卷材时,卷材与基层采用全部黏结的施工方法。

2)空铺法。空铺法是指铺贴防水卷材时,卷材与基层仅在四周一定宽度内粘贴,黏结面积不少于1/3的施工方法。铺贴时,应在檐口、屋脊和屋面的转角处及突出屋面的连接处,均应做成圆弧。卷材与找平层应满涂玛琋脂黏结,其黏结宽度不得小于80 mm,卷材与卷材的搭接缝应满粘,叠层铺设时,卷材与卷材之间应满粘。

空铺法可使卷材与基层之间互不粘结,减少了基层变形对防水层的影响,有利于解决防水层开裂、起鼓等问题;但是对于叠层铺设的防水层由于减少了一层,降低了防水功能,如一旦渗漏,不容易找到漏点。

空铺法适用于基层湿度过大、找平层的水蒸气难以由排汽道排入大气的屋面,或用于埋压法施工的屋面。在沿海大风地区应慎用,以防被大风掀起。

3)条粘法。条粘法是指铺贴防水卷材时,卷材与基层采用条状黏结的施工方法。每幅卷材与基层的黏结面不得少于两条,每条宽度不应少于150 mm。每幅卷材与卷材的搭接缝应满粘,当采用叠层铺贴时,卷材与卷材间应满粘。

4)点粘法。点粘法是指铺贴防水卷材时,卷材与基层采用点状粘结的施工方法。要求每平方米面积内至少有5个粘结点,每点面积不小于100 mm×100 mm,卷材与卷材搭接缝应满粘。当第一层采用打孔卷材时,也属于点粘法。防水层周边一定范围内也应与基层满粘牢固。点粘的面积,必要时应根据当地风力大小经计算后确定。

点粘法铺贴,增大了防水层适应基层变形的能力,有利于解决防水层开裂、起鼓等问题,但操作比较复杂,当第一层采用打孔卷材时,施工虽然方便,但又可用于石油沥青三毡四油叠层铺贴工艺。

点粘法适用于采用留槽排气不能可靠地解决卷材防水层开裂和起鼓的无保温层屋面,或者温差较大而基层又十分潮湿的排气屋面。

(2)卷材施工顺序和铺贴方向。

1)施工顺序。卷材铺贴应遵守"先高后低、先远后近"的施工顺序。即高跨低跨屋面,应先铺高跨屋面,后铺低跨屋面;等高的大面积屋面,应先铺离上料点较远的部位,后铺较近部位。卷材防水大面积铺贴前,应先做好节点处理,附加层及增强层铺设,以及排水集中部位的处理。如节点部位密封材料的嵌填,分格缝的空铺条以及增强的涂料或卷材层,然后由屋面最低标高处(如檐口、天沟部位)开始向上铺设。尤其在铺设天沟的卷材,宜顺天沟方向铺贴,从水落口处向分水线方向铺贴。

大面积屋面施工时,为了提高工效和加强技术管理,可根据屋面面积的大小、屋面的形状、施工工艺顺序、操作人员的数量、操作熟练程度等因素划分流水施工段,施工段的界线宜设在屋脊、天沟、变形缝等处,然后根据操作要求和运输安排,再确定各施工的流水施工顺序。

2)卷材铺贴方向。屋面防水卷材的铺贴方向应根据屋面坡度和屋面是否受震动来确定,当屋面坡度小于3%时,卷材宜平行屋脊铺贴;屋面坡度在3%～15%时,卷材平行或垂直于屋脊铺贴;屋面坡度大于15%或受震动时,沥青防水卷材应垂直于屋脊铺贴,高聚物改性沥青防水卷材和合成高分子防水卷材可平行或垂直屋脊铺贴，但上下层不得相互垂直铺贴。

(3)卷材搭接宽度要求。

卷材搭接视卷材的材性和粘贴工艺分为长边搭接和短边搭接，搭接宽度要求见表1—1。

表1—1　卷材搭接宽度(单位：mm)

<table>
<tr><td colspan="2" rowspan="2">铺贴方法
卷材种类</td><td colspan="2">长边搭接</td><td colspan="2">短边搭接</td></tr>
<tr><td>满粘法</td><td>空铺、点粘、条粘法</td><td>满粘法</td><td>空铺、点粘、条粘法</td></tr>
<tr><td colspan="2">沥青防水卷材</td><td>100</td><td>150</td><td>70</td><td>100</td></tr>
<tr><td colspan="2">高聚物改性沥青防水卷材</td><td>80</td><td>100</td><td>80</td><td>100</td></tr>
<tr><td rowspan="4">合成高分子防水卷材</td><td>胶粘剂</td><td>80</td><td>100</td><td>80</td><td>100</td></tr>
<tr><td>胶粘带</td><td>50</td><td>60</td><td>50</td><td>60</td></tr>
<tr><td>单缝焊</td><td colspan="4">60，有效焊接宽席不小于25</td></tr>
<tr><td>双缝焊</td><td colspan="4">80，有效焊接宽度10×2+空腔宽</td></tr>
</table>

2. 改性沥青防水卷材施工

(1)热熔法施工。

施工时在找平层上先刷一层基层处理剂，用改性沥青防水涂料稀释后涂刷较好，也可以用冷底子油或乳化沥青。找平层表面全部要涂黑，以增强卷材与基层的黏结力。

对于无保温层的装配式屋面，为避免结构变形将卷材拉裂，在板缝或分格缝处300 mm内，卷材应空铺或点粘，缝的两侧150 mm不要刷基层处理剂，也可以干铺一层油毡作隔离层。

改性沥青卷材屋面防水往往只做一层，所以施工时要特别细心。尤其是节点及复杂部位、卷材与卷材的连接处一定要做好，才能保证不渗漏。大面积铺贴前应先在水落口、管道根部、天沟部位做附加层，附加层可以用卷材剪成合适的形状贴入水落口或管道根部，也可以用改性沥青防水涂料加玻璃纤布处理这些部位。屋面上的天沟往往因雨较大或排水不畅造成积水，所以天沟是屋面防水中的薄弱处，铺贴在天沟中的卷材接头越少越好，可将整卷卷材顺天沟方向全部满粘，接头粘好后再裁100 mm宽的卷材把接头加固。

热熔法施工的关键是掌握好烘烤的温度。温度过低，改性沥青没有融化、黏结不牢；温度过高沥青炭化，甚至烧坏胎体或将卷材烧穿。烘烤温度与火焰的大小、火焰和烘烤面的距离、火焰移动的速度以及气温、卷材的品种等诸多因素有关，要在实践中不断总结积累经验。加热程度控制为热熔胶出现黑色光泽（此时沥青的温度在 200 ℃～230 ℃之间）、发亮并有微泡现象，但不能出现大量气泡。

卷材与卷材搭接时要将上下搭接面同时烘烤，粘合后要有少量连续的沥青从搭接边缘挤出来，如果有中断，说明这一部位没有粘好，要用小扁铲挑起来再烘烤，直到沥青连续挤出来为止。边缘挤出的沥青要随时用小抹子压实。对于铝箔复面的防水卷材烘烤到搭接面时，火焰要放小，防止火焰烤到已铺好的卷材上，损坏铝箔，必要时还可用隔板保护。

热熔法铺贴卷材一般以三人一组为宜：一人负责烘烤，一人向前推贴卷材，一人负责滚压、收边和移动液化气瓶。

铺贴是要让卷材在自然状态下展开，不能强拉硬扯。如发现卷材铺偏了，要裁断再铺，不能强行拉正，以免卷材局部受力造成开裂。

热熔卷材的边沿必须做好，对于没有女儿墙的卷材边沿，可按图 1—1 所示予以处理。

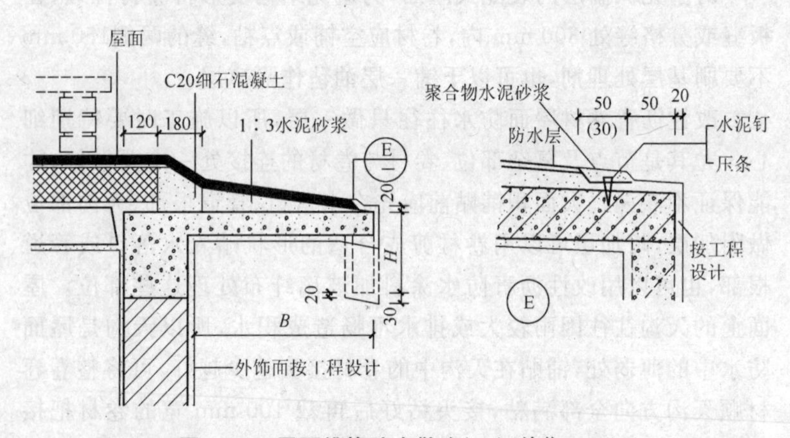

图 1—1　屋面挑檐防水做法(一)(单位:mm)

有挑檐的屋面可按图 1—2 所示，将卷材包到外沿顶部并用水泥钉、压条固定后再粉刷保护层。有女儿墙的屋面应将卷材压入顶留的凹槽内，再用聚合物水泥砂浆固定。如果是混凝土浇筑的女儿墙没有留出凹槽，应按图 1—3 所示，将卷材立面粘牢后，再用水泥钉及压条将卷材沿边钉牢，卷材边涂上密封膏。如果卷材立面要做水泥砂浆保护层，应选用带砂粒或岩片覆面的卷材。

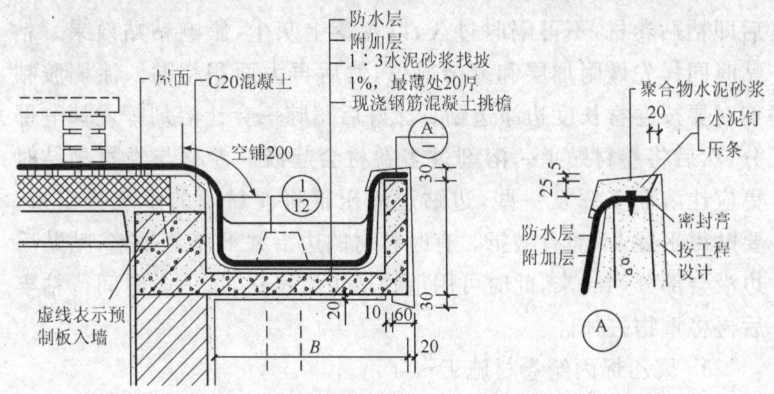

图 1—2　屋面挑檐防水做法(二)(单位:mm)

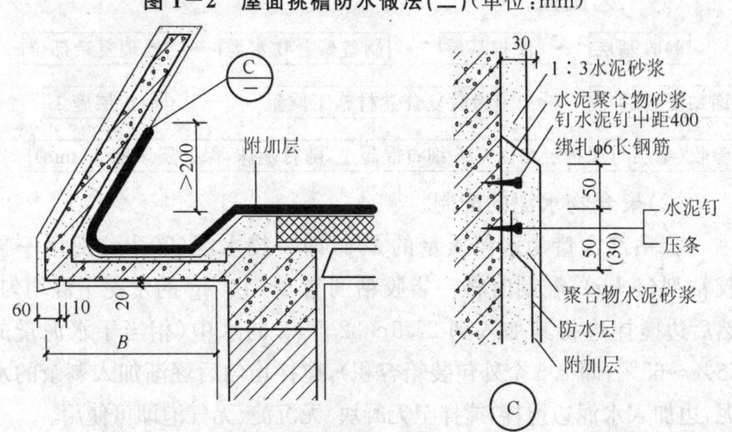

图 1—3　屋面挑檐防水做法(三)(单位:mm)

(2)冷粘法施工。

改性沥青防水卷材在不能用火的地方以及卷材厚度小于 3 mm时，宜用冷粘法施工。

冷粘法施工质量的关键是胶粘剂的质量。胶粘剂材料要求与沥青相容,剥离强度要大于 8 N/10 mm^2,耐热度大于 85 ℃。不能用一般的改性沥青防水涂料作胶粘剂,施工前应先做黏结性能试验。冷粘法施工时对基层要求比热熔法更高,基层如不平整或起砂就粘不牢。

冷粘法施工时,应先将粘合剂稀释后在基层上涂刷一层,干燥后即粘贴卷材,不可隔时过久,以免落上灰尘,影响粘贴效果。粘贴时同样先做附加层和复杂部位,然后再大面积粘贴。涂刷胶粘剂时要按卷材长度边涂边贴。涂好后稍晾一会让溶剂挥发掉一部分,然后将卷材贴上。溶剂过多卷材会起鼓。卷材与卷材黏结时更应让溶剂多挥发一些,边贴边用压辊将卷材下的空气排出来。要贴得平展,不能有皱折。有时卷材的边沿并不完全平整,粘贴后边沿会部分翘起来,此时可用重物把边沿压住,过一段时间待粘牢后再将重物去掉。

3. 聚乙烯丙纶卷材施工

(1)工艺流程。

验收基层 → 清扫基层 → 制备聚合物水泥 → 处理复杂部位 →

铺贴复合卷材 → 检验复合卷材施工质量 → 保护层施工 →

验收(垫层与保护层均为 C15 细石混凝土,随打随抹,保护层厚度 50 mm)

(2)聚合物水泥的配制。

胶粘剂含量为水泥质量的 2%,即一袋水泥(50 kg)配用一袋胶粘剂(1 kg),配制时将一袋胶粘剂与 6～10 kg 的水泥干混均匀,然后边搅拌边将其加入到 27.5～32.5 kg 的水中(相当于水泥量的 55%～65%,即 2.5 个外包装箱容积),搅拌均匀后逐渐加入剩余的水泥,边加入水泥边搅拌,搅拌至无凝块、无沉淀、无气泡即可使用。

(3)复杂部位的处理。

复杂部位(阴角、转角、桩头等)的附加层使用 300 g/m^2 的聚乙烯丙纶防水卷材按图纸和规范要求单独处理。

(4)卷材的铺贴(400 g/m^2)。

1)复合卷材粘贴方向按长方向铺贴。铺贴时,先在铺贴部位将复合卷材预放 3～12 m,找正方向后,在中间处固定,将卷材一端卷至固定处粘贴,这端粘贴完毕后,再将预放的卷材另一端卷回至已粘贴好的位置,连续铺贴直至整副完成。铺贴方法:将水泥胶涂至找平层和卷材应对的表面上,厚约 1.0 mm,然后粘贴卷材,同时在卷材上表面用刮板将粘贴面排气压实,排出多余部分粘接胶。

2)垂直面复合卷材粘贴必须纵向粘贴,自上向下对正,自下向上排气压实,要求基层与卷材同时涂胶,厚度约 1.0 mm。

3)缝搭接宽度:长边接缝 100 mm,短边接缝 120 mm。

4. 合成高分子防水卷材施工

(1)卷材冷粘法施工。

1)工艺流程。

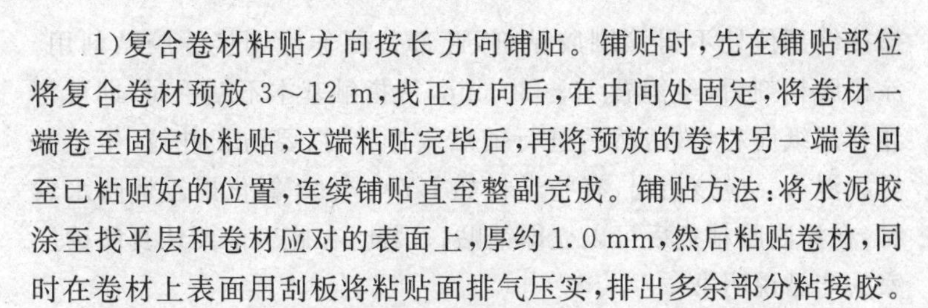

2)操作工艺。

涂刷基层处理剂:施工前将验收合格的基层重新清扫干净,以免影响卷材与基层的黏结。基层处理剂一般是用低黏度聚氨酯涂膜防水材料,用长把滚刷蘸满后均匀涂刷在基层表面,不得见白露底,待胶完全干燥后即可进行下一工序的施工。

复杂部位增强处理:对于阴阳角、水落口、通气孔的根部等复杂部位,应先用聚氨酯涂膜防水材料或常温自硫化的丁基橡胶胶粘带进行增强处理。

涂刷基层胶粘剂:先将氯丁橡胶系胶粘剂(或其他基层的胶粘剂)的铁桶打开,用手持电动搅拌器搅拌均匀,即可涂刷基层胶粘剂。

①在卷材表面涂刷:先将卷材展开摊铺在平整、干净的基层上(靠近铺贴位置),用长柄滚刷蘸满胶粘剂,均匀涂刷在卷材的背面,不要刷得太薄而露底,也不得涂刷过多而聚胶。还应注意,在

搭接缝部位处不得涂刷胶粘剂，此部位留作涂刷接缝胶粘剂用。涂刷胶粘剂后，经静置 10～20 min，待指触基本不粘手时，即可将卷材用纸筒芯卷好，然后进行铺贴。打卷时，要防止砂粒、尘土等异物混入。应该指出，有些卷材如 LYX－603 氯化聚乙烯防水卷材，在涂刷胶粘剂后可以立即铺贴。因此，在施工前要认真阅读厂家的产品说明书。

②在基层表面上涂刷：用长柄滚刷蘸满胶粘剂，均匀涂刷在基层处理剂已基本干燥和洁净的表面上。涂刷时要均匀，切忌在一处反复涂刷，以免将底胶“咬起”。涂刷后，经过干燥 10～20 min，指触基本不粘手时，即可铺贴卷材。

铺贴卷材：操作时，几个人将刷好基层胶粘剂的卷材抬起，翻过来，将一端粘贴在预定部位，然后沿着基准线铺展卷材。铺展时，对卷材不要拉得过紧，而要在合适的状态下，每隔 1 m 左右对准基线粘贴一下，以此顺序对线铺贴卷材。平面与立面相连的卷材，应由下开始向上铺贴，并使卷材紧贴阴面压实。

排除空气和滚压：每当铺完一卷卷材后，应立即用松软的长把滚刷从卷材的一端开始朝卷材的横向顺序用力滚压一遍，彻底排除卷材与基层间的空气。排除空气后，卷材平面部位可用外包橡胶的大压辊滚压，使其粘结牢固。滚压时，应从中间向两侧移动，做到排气彻底。如有不能排除的气泡，也不要割破卷材排气，可用注射用的针头，扎入气泡处，排除空气后，用密封胶将针眼封闭，以免影响整体防水效果和美观。

卷材接缝黏结：搭接缝是卷材防水工程的薄弱环节，必须精心施工。施工时，首先在搭接部位的上表面，顺边每隔 0.5～1 m 处涂刷少量接缝胶粘剂，待其基本干燥后，将搭接部位的卷材翻开，先做临时固定。然后将配置好的接缝胶粘剂用油漆刷均匀涂刷在翻开的卷材搭接缝的两个粘结面上，涂胶量一般以 0.4～0.6 kg/m^2 为宜。干燥 20～30 min 指触基本不粘手时，即可进行粘贴。粘贴时应从一端开始，一边粘贴一边驱除空气，粘贴后要及时用手持压辊按顺序认真地滚压一遍，接缝处不允许有气泡或皱折存在。遇到三层重叠的接缝处，必须填充密封膏进行封闭，否则将成为渗水路线。

卷材末端收头处理：为了防止卷材末端收头和搭接缝边缘的剥落或渗漏，该部位必须用单组分氯磺化聚乙烯或聚氨酯密封膏封闭严密，并在末端收头处用掺有水泥用量20%108胶的水泥砂浆进行压缝处理。

防水层完工后应做蓄水试验，其方法与前述相同。合格后方可按设计要求进行保护层施工。

(2)卷材自粘法施工。

卷材自粘法是采用带有自粘胶的一种防水卷材，不需热加工，也不需涂刷胶粘剂，可直接实现防水卷材与基层黏结的一种操作工艺，实际上是冷粘法操作工艺的发展。由于自粘型卷材的胶粘剂与卷材同时在工厂生产成型，因此质量可靠，施工简便、安全；更因自粘型卷材的黏结层较厚，有一定的徐变能力，适应基层变形的能力增强，且胶粘剂与卷材合二为一，同步老化，延长了使用寿命。

自粘法施工可采用满粘法或条粘法。采用条粘法时，只需在基层的脱离部位上刷一层石灰水，或加铺一层裁剪下来的隔离纸，即可达到隔离的目的。

卷材自粘法施工的操作工艺中，清理基层、涂刷基层处理剂、节点密封等与冷粘法相同。这里仅就卷材铺贴方法作介绍。

1)滚铺法。当铺贴大面积卷材时，隔离纸容易撕剥，此时宜采用滚铺法。滚铺法是撕剥隔离纸与铺贴卷材同时进行。施工时不要打开整卷卷材，用一根$\phi30\times1\ 500$ mm的钢管穿过卷材中间的纸芯筒，然后由两人各持钢管一端，把卷材抬到待铺位置的开始端，并把卷材向前展开500 mm左右，由一人把开始端的500 mm卷材拉起来，另一人撕剥开此部分的隔离纸，将其折成条形(或撕断已剥部分的隔离纸)，随后由另外两人各持钢管一端，把卷材抬起(不要太高)，对准已弹好的粉线轻轻摆铺，同时注意长、短方向的搭接，再用手予以压实。待开始端的卷材固定后，撕剥端部隔离纸的工人把折好的隔离纸拉出(如撕断则重新剥开)，卷到已用过的包装纸芯筒上，随即缓缓剥开隔离纸，并向前移动，而抬卷材的两人同时沿基准粉线向前滚铺卷材，如图1—4所示。

每铺完一幅卷材，即可用长柄滚刷从开始端起彻底排除卷材下面的空气。排完空气后，再用大压辊将卷材压实平整，确保黏结牢固。

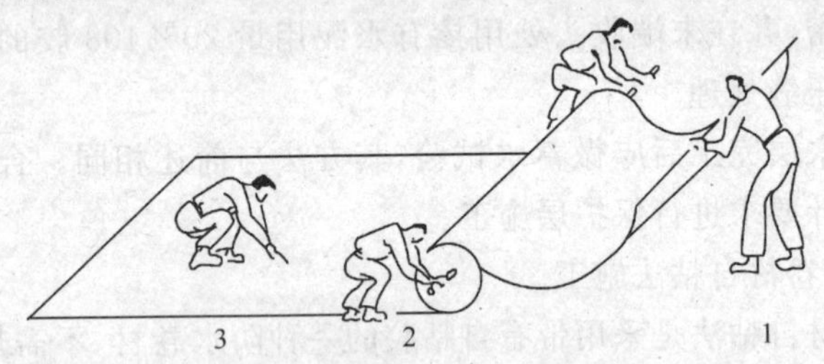

图1—4 卷材自粘法施工(滚铺法)

1—撕剥隔离纸，并卷到用过的包装纸芯筒上；2—滚铺卷材；3—排气滚压

2)抬铺法。当铺部位较复杂，如天沟、泛水、阴阳角或有凸出物的基面时，或由于屋面积较小以及隔离纸不易撕剥(如温度过高、储存保管不好等)时就可采用抬铺法施工。

抬铺法是先将要铺贴的卷材剪好，反铺于屋面平面上，待剥去全部隔离纸后，再铺贴卷材。首先应根据屋面形状考虑卷材搭接长度剪裁卷材，其次要认真撕剥隔离纸。撕剥时，已剥开的隔离纸宜与黏结面保持45°～60°的锐角，防止拉断隔离纸。另外，剥开的隔离纸要放在合适的地方，防止被风吹到已剥去隔离纸的卷材胶结面上。剥完隔离纸后，使卷材的黏结胶面朝外，把卷材沿长向对折。对折后，分别由两人从卷材的两端配合翻转卷材，翻转时，要一手拎住半幅卷材，另一手缓缓铺放另半幅卷材。在整个铺放过程中，各操作工人要用力均匀，配合默契。待卷材铺贴完成后，应与滚铺法一样，从中间向两边缘处排出空气后，再用压辊滚压，使其黏结牢固。

3)搭接缝粘贴。自粘型卷材上表面有一层防粘层(聚乙烯薄膜或其他材料)，在铺贴卷材前，应将相邻卷材待搭接部位的上表面防粘层先熔化掉，使搭接缝能黏结牢固。操作时用手持汽油喷灯沿搭接粉线熔烧搭接部位的防粘层。卷材搭接应在大面卷材排出空气并压实后进行。

粘贴搭接缝时，应掀开搭接部位的卷材，用扁头热风枪加热搭接卷材底面的胶粘剂，并逐渐前移。另一人紧随其后，把加热后的搭接部位卷材马上用棉纱团从里向外予以排气，并抹压平整。最后一人则用手持压辊滚压搭接部位，使搭接缝密实。加热时应注意控制好加热程度，其标准是经过压实后，在搭接边的末端有胶粘剂稍稍外溢为度。

搭接缝粘贴密实后，所有搭接缝均应用密封材料封边，宽度不少于 10 mm，其涂封量可参照材料说明书的有关规定。三层重叠部位的处理方法与卷材冷粘法操作相同。

【技能要点 2】屋面找平层施工

1. 施工准备

(1)材料准备。

1)水泥：采用普通硅酸盐水泥或矿渣硅酸盐水泥，其强度等级不低于 32.5。

2)砂：宜用中砂，含泥量不大于 5%，不得含有机杂质。

3)石子：石子粒径不大于找平层厚度的 2/3。

4)粉料：采用滑石粉、粉煤灰、页岩粉等，细度要求为 0.15 mm 筛孔筛余量应不大于 5%，0.09 mm 筛孔筛余量为 10%～30%。

5)沥青：60 号甲、60 号乙道路石油沥青或 75 号普通石油沥青，其质量应符合现行国家标准《建筑石油沥青》(GB/T 494—2010)的规定。

(2)机具准备。

1)设备：砂浆搅拌机或混凝土搅拌机。

2)主要工具：大小平锹、铁板、手推胶轮车、铁抹子、木抹子、水平刮杠、火辊等。

(3)作业条件。

1)层面坡度已根据设计要求放出控制线，并拉线找好规矩(包括天沟、檐沟的坡度)，基层清扫干净。

2)层面结构层或保温层已施工完成，并办理隐检验收手续。

3)施工无女儿墙屋面时,已做好周边防护架。

2. 施工工艺

(1)工艺流程。

1)水泥砂浆找平层。

清理基层 → 封堵管根 → 弹标高坡度线 → 贴饼充筋 → 铺找平层 → 养护

2)沥青砂浆找平层。

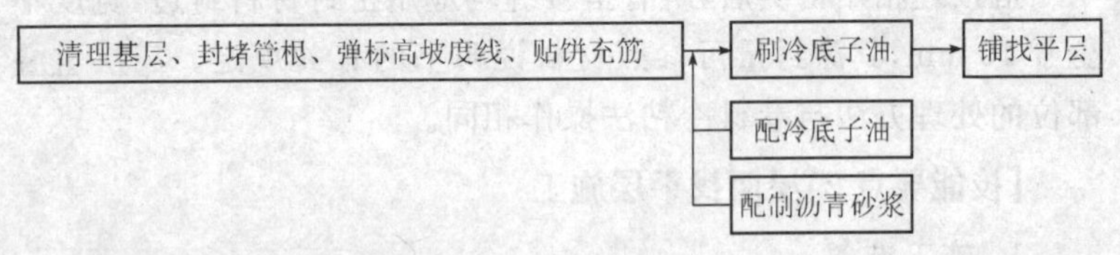

3)细石混凝土找平层。

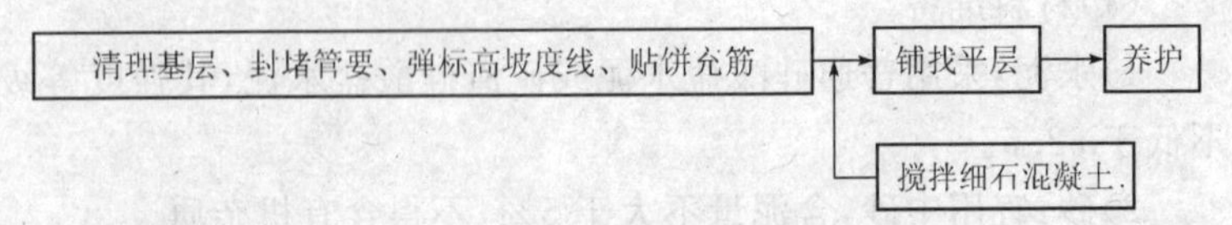

(2)操作工艺。

1)水泥砂浆找平层。

①清理基层:将结构层、保温层表面松散的水泥浆、灰渣等杂物清理干净。

②封堵管根:在进行大面积找平层施工之前,应先将凸出屋面的管根、屋面暖沟墙根部、变形缝、烟囱等处封堵处理好。凸出屋面结构(如女儿墙、山墙、天窗壁、变形缝、烟囱等)的交接处和基层的转角处,找平层均应做成圆弧形,圆弧半径应符合表 1—2 的要求。内部排水的水落口周围,找平层应做成略低的凹坑。

表 1—2 转角处找平层圆弧半径

卷材种类	圆弧半径(mm)
沥青防水卷材	100～150
高聚物改性沥青防水卷材	50
合成高分子防水卷材	20

③弹标高坡度线：根据测量所放的控制线，定点、找坡，然后拉挂屋脊线、分水线、排水坡度线。

④贴饼充筋：根据坡度要求拉线找坡贴灰饼，灰饼间距以1～2 m为宜，顺排水方向冲筋，冲筋的间距为1～2 m。在排水沟、雨水口处先找出泛水，冲筋后进行找平层抹灰。

⑤铺找平层。

a. 洒水湿润：找平层施工前，应适当洒水湿润基层表面，以无明水、阴干为宜。

b. 如找平层的基层采用加气板块等预制保温层时，应先将板底垫实找平，不易填塞的立缝、边角破损处，宜用同类保温板块的碎块填实填平。

c. 找平层宜设分格缝，并嵌填密封材料。分格缝应留设在屋脊、板端缝处，其纵横缝的最大间距不宜大于6 m。

d. 抹面层、压光。

(a)第一遍抹压：应在大面积抹灰前先做天沟、拐角、根部等处，有坡度要求的必须做好，以满足排水要求。大面积抹灰是在两筋中间铺砂浆(配合比应按设计要求)，用抹子摊平，然后用刮杠刮平。用铁抹子轻轻抹压一遍，直到出浆为止。砂浆的稠度应控制在70 mm左右。

(b)第二遍抹压：当面层砂浆初凝后，走人有脚印但面层不下陷时，用铁抹子进行第二遍抹压，将凹坑、砂眼填实抹平。

(c)第三遍抹压：当面层砂浆终凝前，用铁抹子压光无抹痕时，应用铁抹子进行第三遍压光，此遍应用力抹压，将所有抹纹压平，使面层表面密实光洁。

⑥养护：面层抹压完即进行覆盖并洒水养护，每天洒水不少于2次，养护时间一般不少于7天。

2)沥青砂浆找平层。

①清理基层、封堵管根、弹标高坡度线、贴饼充筋：同水泥砂浆找平层做法。

②配制冷底子油。

a. 配合比(质量比)见表1—3。

表1—3 冷底子油配合比参考表

石油沥青(%)	溶剂	
	轻柴油或煤油(%)	汽油(%)
40	60	—
30	—	70

b. 配制方法:将沥青加热熔化,至使其脱水不再起泡为止。再将熔好的沥青按配置倒入桶中,待其冷却。如加入快挥发性溶剂,沥青温度一般不超过110 ℃,如加入慢挥发性溶剂,温度一般不超过140 ℃;达到上述温度后,将沥青成细流状缓慢注入一定配合量的溶剂中,并不停地搅拌,直到沥青加完,溶解均匀为止。

③配制沥青砂浆:先将沥青熔化脱水,同时将中砂和粉料按配合比要求拌和均匀,预热烘干到120 ℃～140 ℃,然后将熔化的沥青按计量倒入拌和盘上与砂和粉料均匀拌和,并继续加热至要求温度,但不使升温过高,防止沥青碳化变质。沥青砂浆施工的温度要求见表1—4。

表1—4 沥青砂浆施工温度要求

室外湿度(℃)	沥青砂浆湿度(℃)		
	拌制	开始碾压时	碾压完毕
+5以上	140～170	90～100	60
−10～+5	160～180	110～130	40

④刷冷底子油:基层清理干净后,应满涂冷底子油两道,涂刷均匀,作为沥青砂浆找平层的结合层。

⑤铺找平层。

a. 冷底子油干燥后,按照坡度控制线铺设沥青砂浆,虚铺砂浆厚度应为压实厚度的1.3～1.4倍,分格缝一般以板的支撑点为界。

b. 砂浆刮平后,用火辊滚压(夏天温度较高时,辊内可不生火)至平整、密实、表面无蜂窝、看不出压痕时为止。

c. 滚筒应保持清洁，表面可刷柴油，根部及边角滚压不到之处，可用烙铁烫平压实，以不出现压痕为好。

d. 施工缝宜留成斜槎，在继续施工时，将接缝处清理干净，并刷热沥青一道，接着铺沥青砂浆，铺后用火辊或烙铁烫平。

e. 分格缝留设的间距一般不大于4 m，缝宽一般为20 mm，如兼作排气屋面的排气道时，可适当加宽，并与保温层连通。分格缝应附加200～300 mm宽的油毡，并用沥青胶结材料单边粘贴覆盖。

f. 铺完的沥青砂浆找平层如有缺陷，应挖除并清理干净后涂一层热沥青，及时填满沥青砂浆并压实。

3)细石混凝土找平层

①清理基层、封堵管根、弹标高坡度线、贴饼充筋：同水泥砂浆找平层做法。

②细石混凝土搅拌：细石混凝土的强度等级应按设计要求试配，坍落度为40～60 mm。如设计无要求时，不应小于C20。

③铺找平层

a. 将搅拌好的细石混凝土铺抹到屋面保温层上，若无保温层时，应在基层涂刷水泥浆结合层，并随刷随铺，凹处用同配合比混凝土填平，然后用滚筒(常用的为直径200 mm、长度为600 mm的混凝土或铁制滚筒)滚压密实，直到面层出现泌水后，再均匀撒一层1∶1干拌水泥砂拌和料(砂要过3 mm筛)，再用刮杠刮平。当面层干料吸水后，用木抹子用力搓打、抹平，将干水泥砂拌和料与细石混凝土的浆混合，使面层结合紧密。表面找平、压光同水泥砂浆做法。

b. 细部处理。

(a)基层与突出屋面构筑物的连接处，以及基层转角处的找平层应做成半径为100～150 m的圆弧形或钝角。根据卷材种类不同，其圆弧半径应符合相关要求。

(b)排水沟找坡应以两排水口距离的中间点分水线放坡抹平，纵向排水坡度不应小于1%，最低点应对准排水口。排水口与水落管的落水口连接应平滑、顺畅，不得有积水，并应用柔性防水密封材料嵌填密封。

(c)找平层与檐口、排水口、沟脊等相连接的转角，应抹成光滑一致的圆弧形。

(d)分隔缝：同水泥砂浆找平层做法。

④养护：同水泥砂浆找平层做法。

【技能要点3】屋面保温层施工

1. 施工准备

(1)材料准备。

聚苯乙烯泡沫塑料类、硬质聚氨酯泡沫塑料类、泡沫玻璃、微孔混凝土类、膨胀蛭石(珍珠石)制品等，其性能指标应符合现行国家产品标准和设计要求，有出厂合格证。

(2)机具准备。

砂浆搅拌机、井架带卷扬机、塔吊、平板振动器、量斗、水桶、沥青锅、拌和锅、压实工具、大小平锹、铁板、手推胶轮车、木抹子、木杠、水平尺、麻线、滚筒等。

(3)作业条件。

1)铺设保温层的屋面基层施工完毕并经检查办理交接验收手续。屋面上的吊钩及其他露出物应清除，残留的灰浆应铲平，屋面应清理干净。

2)有隔气层的屋面，应先将基层清扫干净，使表面平整、干燥、不得有酥松、起砂、起皮等情况，并按设计要求铺设隔气层。

3)试验室根据现场材料通过试验提出保温材料的施工配合比。

2. 施工工艺

(1)工艺流程。

基层清理 → 弹线找坡、分仓 → 管根固定 → 隔气层施工 → 保温层铺设

(2)操作工艺。

1)清理基层:预制或现浇混凝土基层应平整、干燥和干净。

2)弹线找坡、分仓:按设计坡度及流水方向,找出屋面坡度走向,确定保温层的厚度范围。保温层设置排气道时,按设计要求弹出分格线来。

3)管根固定:穿过屋面的女儿墙等结构的管道根部,应用细石混凝土填塞密实,做好转角处理,将管根部固定。

4)铺设隔气层:有隔气层的屋面,按设计要求选用气密性好的防水卷材或防水涂料作隔气层,隔气层应沿墙面向上铺设,并与屋面的防水层相连接,形成封闭的整体。

5)保温层铺设

①铺设板状保温层。

a. 干铺加气混凝土板、泡沫混凝土板块、蛭石混凝土块或聚苯板块等保温材料,应找平拉线铺设。铺前先将接触面清扫干净,板块应紧密铺设、铺平、垫稳。分层铺设的板块,其上下两层应错开;各层板块间的缝隙,应用同类材料的碎屑填密实,表面应与相邻两板高度一致。一般在块状保温层上用松散湿料做找坡。

b. 保温板缺棱掉角,可用同类材料的碎块嵌补,用同类材料的粉料加适量水泥填嵌缝隙。

c. 板块状保温材料用粘贴材料平粘在屋面基层上时,一般用水泥、石灰混合砂浆,并用保温灰浆填实板缝、勾缝,保温灰浆配合比为1∶1∶10(水泥∶石灰膏∶同类保温材料的碎粒,体积比),聚苯板材料应用沥青胶结料粘贴。

d. 粘贴的板状保温材料应贴严贴牢,胶粘剂应与保温材料材性相容。

②铺设整体保温层

a. 沥青膨胀蛭石、沥青膨胀珍珠岩宜用机械搅拌,并应色泽一致,无沥青团;压实程度根据试验确定,其厚度应符合设计要求,表面平整。

b. 硬质聚氨酯泡沫塑料应按配合比准确计量,发泡厚度均匀一致。施工环境气温宜为15 ℃～30 ℃,风力不宜大于3级,相对湿度宜小于85%。

c. 整体保温层应分层分段铺设，虚铺厚度应经试验确定，一般为设计厚度的1.3倍，经压实后达到设计要求的厚度。

d. 铺设保温层时，由一端向另一端退铺，用平板式振捣器振实或用木抹子拍实，表面抹平，做成粗糙面，以利于与上部找平层结合。

e. 压实后的保温层表面，应及时铺抹找平层并保温养护不少于7天。

③保温层的构造应符合下列规定。

a. 保温层的设置在防水层上部时宜做保护层，保温层设置在防水层下部时应做找平层。

b. 水泥膨胀珍珠岩及水泥膨胀蛭石不宜用于整体封闭式保温层；当需要采用时，应做排气道。排气道应纵横贯通，并应与大气连通的排气孔相通。排气孔的数量应根据基层的潮湿程和屋面构造确定，屋面面积每36 m^2 宜设置一个。排气孔应做好防水处理。

c. 当排气孔采用金属管时，其排气管应设置在结构层上，并有牢固的固定措施，穿过保温层及排汽道的管壁应打排气孔。

d. 屋面坡试较大时，保温层应采取防滑措施。

第二节　涂膜防水屋面

【技能要点1】涂膜防水层施工

1. 施工准备

(1)材料准备。

高聚物改性沥青防水涂料、合成高分子防水涂料、聚合物水泥防水涂料、胎体增强材料、改性石油沥青密封材料、合成高分子密封材料等。

(2)机具准备。

1)主要设备。电动搅拌机、高压吹风机、称量器、灭火器等。

2)主要工具。拌料桶、小油漆桶、塑料或橡胶刮板、长柄滚刷、铁抹子、小平铲、扫帚、墩布、剪刀、卷尺等。

(3)作业条件。

1)主体结构必须经有关部门正式检查验收合格后，方可进行屋面防水工程施工。

2)装配式钢筋混凝土板的板缝处理以及保温层、找平层均已完工，含水率符合要求。

3)屋面的安全措施如围护栏杆、安全网等消防设施均齐全，经检查符合要求，劳保用品能满足施工操作。

4)组织防水施工队的技术人员熟悉图纸，掌握和了解设计意图，解决疑难问题；确定关键性技术难关的施工程序和施工方法。

5)施工机具齐全，运输工具、提升设施安装试运转正常。

6)现场的贮料仓库及堆放场地符合要求，设施完善。

7)施工环境气温：溶剂型涂料宜为－5 ℃～35 ℃；乳胶型涂料宜为5 ℃～35 ℃；反应型涂料宜为5 ℃～35 ℃；聚合物水泥涂料宜为5 ℃～35 ℃；严禁在雨天和雪天施工，5级风及其以上不得施工。

2. 施工要求

(1)工艺流程。

基层清理 → 涂刷基层处理剂 → 铺设有胎体增强材料附加层 → 涂刷防水层 → 铺设保护层

(2)操作工艺。

1)基层清理：基层验收合格，表面尘土、杂物清理干净并应干燥。

2)涂刷基层处理剂：待基层清理洁净后，即可满涂一道基层处理剂，可用刷子用力薄涂，使基层处理剂进入毛细孔和微缝中，也可用机械喷涂。涂刷均匀一致，不漏底。基层处理剂常用涂膜防水材料稀释后使用，其配合比应根据不同防水材料按产品说明书的要求配置，溶剂型涂料可用溶剂稀释，乳液型涂料可用软水稀释。

3)铺设有胎体增强材料的附加层:按设计和防水细部构造要求,在天沟、檐沟与屋面交接处、女儿墙、变形缝两侧墙体根部等易开裂的部位,铺设一层或多层带胎有胎体增强材料的附加层。

4)涂膜防水层必须由两层以上涂层组成,每涂层应刷 2～3 遍,达到分层施工,多道薄涂。其总厚度必须达到设计要求。

5)双组分涂料必须按产品说明书规定的配合比准确计量,搅拌均匀,已配成的双组分涂料必须在规定的时间内用完。配料时允许加入适量的稀释剂、缓凝剂或促凝剂来调节固化时间,但不得混入已固化的涂料。

6)由于防水涂料品种多,成分复杂,为准确控制每道涂层厚度、干燥时间、黏结性能等,在施工前均应经试验确定。

7)涂刷防水层。

①涂布顺序:当遇有高低跨屋面时,一般先涂布高跨屋面,后涂布低跨屋面,在相同高度大面积屋面上施工,应合理划分施工段,分段尺量安排在变形缝处在每一段应先涂布较远的部位,后涂布较近的屋面;先涂布立面,后涂布平面;先涂布排水比较集中的水落口、天沟、檐口,再往上涂屋脊、天窗等。

②纯涂层涂布一般应由屋面标高最低处顺脊方向施工,并根据设计厚度,分层分遍涂布,待先涂的涂层干燥成膜后,方可涂布后一道涂布层,其操作要点如下。

a. 用棕刷蘸胶先涂立面,要求多道薄涂,均匀一致、表面平整,不得有流淌堆积现象,待第一遍涂层干燥成膜后,再涂第二遍,直至达到规定的厚度。

b. 待立面涂层干燥后,应从水落口、天沟、檐口部位开始,屋面大面积涂布施工时,可用毛刷、长柄棕刷、胶皮刮板刮刷涂布,每一层宜分两遍涂刷,每遍的厚度应按试验确定的 1 m^2 涂料用量控制。施工时应从檐口向屋脊部位边涂边退,涂膜厚度应均匀一致,表面平整,不起泡,无针孔。当第一遍涂膜干燥后,经专人检查合格,清扫干净后,可涂刷第二遍。施工时,应与第一遍涂料涂刷方向相互垂直,以提高防水层的整体性与均匀性,并注意每遍涂层之间的接槎。在每遍涂刷时，应退槎 50～100 mm，接槎时也应超过 50～100 mm，避免搭接处产生渗漏。其余各涂层均按上述施工方法，直至达到设计规定的厚度。

③夹铺胎体增强材料的施工方法。

a. 湿铺法：由于防水涂料品种较多，施工方法各异，具体施工方法应根据设计构造层次、材料品种、产品说明书的要求组织施工。现仅以二布六涂为例，即底涂分两遍完成，在涂第二遍涂料时趁湿铺贴胎体材料；加筋涂层也分两遍完成，在涂布第四遍涂料时趁湿铺贴胎体材料；面涂层涂刷两遍，共六遍成活，也就是通常所说的二布六涂(胶)，其湿铺法操作要点如下。

(a)基层及附加层按设计及标准施工完毕，并经检查验收合格。

(b)根据设计要求，在整个屋面上涂刷第一遍涂料。

(c)在第一遍涂料干燥后，即可从天沟、檐口开始，分条涂刷第二遍涂料，每条宽度应与胎体材料宽度一致，一般应弹线控制，在涂刷第二遍涂料后，趁湿随即铺贴第一层胎体增强材料，铺时先将一端粘牢，然后将胎体材料展开平铺或紧随涂布涂料的后面向前方推滚铺贴，并将胎体材料两边每隔 1 m 左右用剪刀剪一长 30 mm的小口，以利于铺贴平整。铺贴时不得用力拉伸，否则成膜后会产生较大收缩，易于脱开、错动、翘边或拉裂；但过松也会产生皱折，胎体材料铺胎后，立即用滚动刷由中部向两边来回依次向前滚压平整，并使防水涂料渗出胎体表面，使其贴牢，不得有起皱和粘贴不牢的现象，凡有起皱现象应剪开贴平。如发现表面露白或空鼓说明涂料不足，应在表面补刷，使其渗透胎体与底基粘牢，胎体增强材料的搭接应符合设计及标准的要求。

(d)待第二遍涂料干燥并经检查合格，即可按涂刷第一遍涂料的要求，对整个屋面涂刷第三遍涂料。

(e)待第三遍涂料干燥后，即可按涂刷第二遍涂料的方法，涂刷第四遍涂料，铺贴第二层胎体增强材料。

(f)按上述方法依次涂刷面层第五遍、第六遍涂料。

b. 干铺法：涂膜中夹铺胎体增强材料也可采用干铺法。操作时仅第二遍、第四遍涂料干燥后，干铺胎体增强材料，再分别涂刷第三遍和第五遍涂料，并使涂料渗透胎体增强材料，与底层涂料牢固结合，其他各涂层施工与湿铺法相同。

c. 空铺法：涂膜防水屋面，还可采用空铺法，为提高涂膜防水层适应基层变形的能力或作排汽屋面时，可在基层上涂刷两道浓石灰浆等作隔离剂，也可直接在胎体上涂刷防水涂料进行空铺，但在天沟、节点及屋面周边 800 mm 内应与基层粘牢，其他各涂层的施工与涂膜的湿（干）铺方法相同。

8)保护层施工。

①粉片状撒物保护层施工要求：当采用云母、蛭石、细砂等松散材料做保护层时，应筛去粉料。在涂布最后一遍涂料时，随即趁湿撒上覆盖材料，应撒布均匀（可用扫帚轻扫均匀），不得露底，轻拍或辊压粘牢，干燥后清除余料；撒布时应注意风向，不得撒到未涂面层料的部位，以免造成污染或产生隔离层，而影响质量。

②浅色涂料保护层，应在面层涂料完全干燥、验收合格、清扫洁净后及时涂布。施工时，操作人员应站在上风向，从檐口或端头开始依次后退进行涂刷或喷涂，施工要求与涂膜防水相同。

③水泥砂浆、细石混凝土、板块保护层，均应待涂膜防水层完全干燥后，经淋（蓄）水试验，确保无渗漏后方可施工。

【技能要点 2】屋面找平层施工

参见第一节卷材防水屋面找平层施工。

【技能要点 3】屋面保温层施工

参见第一节卷材防水屋面保温层施工。

第三节　刚性防水屋面

【技能要点 1】混凝土防水层

1. 材料准备

水泥、砂、石子、水、钢筋、外加剂、掺和料、钢纤维、基层处理剂、隔离材料、嵌缝密封材料、背衬材料、分格缝木条、工具清洗剂等。

基层处理剂采用相应密封材料的稀释液，含固量宜为25%～35%。采用密封材料生产厂家配套提供的或推荐的产品，如果采取自配或其他生产厂家时，应做黏结试验。

隔离材料一般采用石灰(膏)、砂、黏土、纸筋灰、纸胎油毡或0.25～0.4 mm厚聚氯乙烯薄膜等。应根据设计要求选用。

2. 机具准备

(1)机械设备。强制式混凝土搅拌机、塔式起重机、平板振动器、高压吹风机等。

(2)主要工具。滚筒(重40～50 kg，长600 mm左右)、铁压板(250 mm×300 mm，特制)、铁抹子、钢丝刷、平铲、扫帚、油漆刷、刀、熬胶铁锅、温度计(200 ℃)、鸭嘴壶等。

3. 施工工艺

(1)工艺流程。

基层清理 → 细部构造处理 → 标高、坡度、分格缝弹线 → 绑钢筋 → 洒水湿润 → 浇筑混凝土 → 浇水养护 → 分格缝嵌缝

(2)操作工艺。

1)基层处理。

浇筑细石混凝土前，须待板缝灌缝细石混凝土达到强度，清理干净，板缝已做密封处理；将屋面结构层、保温层或隔离层上面的松散杂物清除干净，凸出基层上的砂浆、灰渣用凿子凿去，扫净，用水冲洗干净。

2)细部构造处理。

浇筑细石混凝土前，应按设计或技术标准的细部处理要求，先将伸出屋面的管道根部、变形缝、女儿墙、山墙等部位留出缝隙，并用密封材料嵌填；泛水处应铺设卷材或涂膜附加层；变形缝中应填充泡沫塑料；其上填放衬垫材料，并用卷材封盖，顶部应加扣混凝土盖板或金属盖板。

3)标高、坡度、分格缝弹线。

根据设计坡度要求在墙边赛引测标高点并弹好控制线。根据设

计或技术方案弹出分格缝位置线(分格缝宽度不小于 20 mm),分格缝应留在屋面板的支撑端、屋面转折处、防水层与突出屋面结构的交接处。分格缝最大间距 6 mm,且每个分格板块以 20～30 m^2 为宜。

4)绑扎钢筋。

钢筋网片按设计要求的规格、直径配料,绑扎。搭接长度应大于 250 mm,在同一断面内,接头不得超过钢筋断面的 1/4;钢筋网片在分格缝处应断开;钢筋网应采用砂浆或塑料块垫起至细石混凝土上部,并保证留有 10 mm 的保护层。

5)洒水湿润。

浇混凝土前,应适当洒水湿润基层表面,主要是利于基层与混凝土层的结合,但不可洒水过量。

6)浇筑混凝土。

①拉线找坡、贴灰饼:根据弹好的控制线,顺排水方向拉线冲筋,冲筋的间距为 1.5 m 左右,在分格缝位置安装木条,在排水沟、雨水口处找出泛水。

②混凝土搅拌、运输。

a. 防水细石混凝土必须严格按试验设计的配合比计量,各种原材料、外加剂、掺合料等不得随意增减。混凝土应采用机械搅拌。坍落度可控制在 30～50 mm;搅拌时间宜控制在 2.5～3 min。

b. 混凝土在运输过程中应防止漏浆和离析;搅拌站搅拌的混凝土运至现场后,其坍落度应符合现场浇筑时规定的坍落度,当有离析现象时必须进行二次搅拌。

③混凝土浇筑。

混凝土的浇筑应按先远后近,先高后低的原则。在湿润过的基层上分仓均匀地铺设混凝土,在一个分仓内可先铺 25 mm 厚混凝土,再将扎好的钢筋提升到上面,然后再铺盖上层混凝土。用平板振捣器振捣密实,用木杠沿两边冲筋标高刮平,并用滚筒来回滚压,直至表面浮浆不再沉落为止;然后用木抹子搓平、提出水泥浆。浇筑混凝土时,每个分格缝板块的混凝土必须一次浇筑完成,不得留施工缝。

防水混凝土简介

防水混凝土是以调整混凝土的配合比、掺外加剂或使用新品种水泥等方法提高自身的密实性、憎水性和抗渗性，使其满足抗渗压力大于0.6 MPa的不透水性混凝土。

防水混凝土兼有结构层和防水层的双重功效。其防水机理是依靠结构构件（如梁、板、柱、墙体等）混凝土自身的密实性，再加上一些构造措施（如设置坡度、变形缝或者使用嵌缝膏、止水环等），达到结构自防水的目的。

用防水混凝土与采用卷材防水等相比较，防水混凝土具有以下特点：

(1)兼有防水和承重两种功能，能节约材料，加快施工速度。

(2)材料来源广泛，成本低廉。

(3)在结构物造型复杂的情况下，施工简便、防水性能可靠。

(4)渗漏水时易于检查，便于修补。

(5)耐久性好。

(6)可改善劳动条件。

防水混凝土一般包括普通防水混凝土、外加剂防水混凝土和膨胀剂防水混凝土三大类。

(1)普通防水混凝土。

1)技术要求。水灰比0.5～0.6；坍落度30～50 mm（掺外加剂或采用泵送时不受此限）；水泥用量≥320 kg/m^3；灰砂比1∶2～1∶2.5；含砂率≥35%；粗骨料粒径≤40 mm；细骨料为中砂或细砂。

2)优点。施工简便，材料来源广泛。

3)适用范围。适用于一般工业、民用及公共建筑的地下防水工程。

(2)外加剂防水混凝土。

1)引气剂防水混凝土。

①技术要求。含气量3%～6%；水泥用量250～300 kg/m^3；水灰比0.5～0.6；含砂率28%～35%；砂石级配、坍落度与普通混凝土相同。

②优点。抗冻性好。

③适用范围。适用于北方高寒地区对抗冻性要求较高的地下防水工程及一般的地下防水工程，不适用于抗压强度大于20 MPa或耐磨性要求较高的地下防水工程。

2)减水剂防水混凝土。

①技术要求。适用加气型减水剂。根据施工需要分别选用缓凝型、促凝型、普通型的减水剂。

②优点。拌和物流动性好。

③适用范围。钢筋密集或落壁型防水构筑物，对混凝土凝结时间和流动性有特殊要求的地下防水工程(如泵送混凝土)。

3)三乙醇胺防水混凝土。

①技术要求。可单独掺用(1号)，也可与氯化钠复合掺用(2号)，也能与氯化钠、亚硝酸钠三种材料复合使用(3号)，对重要的地下防水工程以1号和3号配方为宜。

②优点。早期强度高、抗渗标号高。

③适用范围。工期紧迫、要求早强及抗渗性较高的地下防水工程。

4)氯化铁防水混凝土。

①技术要求。液体密度大于1.4 g/cm^3；$FeCl_2+FeCl_3$含量≥0.4 kg/L，$FeCl_2:FeCl_3$为1∶(1～1.3)；pH值1～2；硫酸铝含量为氯化铁的5%；氯化铁掺量一般为水泥的3%。

②适用范围。水中结构、无筋少筋、厚大防水混凝土工程及一般地下防水工程，砂浆修补抹面工程。薄壁结构不宜使用。

(3)明矾石膨胀剂防水混凝土。

1)技术要求。必须掺入国产32.5级以上的普通矿渣、火山灰和粉煤灰水泥中共同使用，不得单独代替水泥。一般外掺量占水泥用量的20%。掺入国外水泥时，其掺量应经试验后确定。

2)优点。密实性好、抗裂性好。

3)适用范围。地下工程及其后浇缝。

④压光。

混凝土稍干后，用铁抹子三遍压光成活，抹压时不得撒干水泥或加水泥浆，并及时取出分格缝和凹槽的木条。头遍拉平、压实，使混凝土均匀密实；待浮水沉失，人踩上去有脚印但不下陷时，再用抹子压第二遍，将表面平整、密实，注意不得漏压，并把砂眼、抹纹抹平，在水泥终凝前，最后一遍用铁抹子同向压光，保证密实美观。

7)养护。

常温下，细石混凝土防水层抹平压实后12～24 h可覆盖草袋(垫)、浇水养护(塑料布覆盖养护或涂刷薄膜养生液养护)，时间一般不少于14 d。

8)分格缝嵌缝。

细石混凝土干燥后，即可进行嵌缝施工。嵌缝前应将分格缝中的杂质、污垢清理干净，然后在缝内及两侧刷或喷冷底子油一遍，待干燥后，用油膏嵌缝。

【技能要点2】密封材料嵌缝

1. 材料准备

改性石油沥青密封材料、合成高分子密封材料、基层处理剂。

2. 机具准备

(1)机械设备：胶泥加热搅拌机。

(2)主要工具：手锤、扁铲、钢丝刷、吸尘器、扫帚、毛刷、抹子、喷灯、嵌缝枪或鸭嘴壶。

3. 施工工艺

(1)工艺流程。

基层检查与修补 → 填塞背衬材料 → 涂刷基层处理剂 → 密封材料配制 → 嵌灌密封材料 → 固化养护 → 施工保护层

(2)操作工艺。

1)基层的检查与修补。

①密封防水施工前,应首先进行接缝尺寸和基面平整性、密封性的检查,符合要求后才能进行下一步操作。如接缝宽度不符合要求,应进行调整;基层出现缺陷时,也可用聚合物水泥砂浆修补。

②对基层上沾污的灰尘、砂粒、油污等均应做清扫、擦洗;接缝处浮浆可用钢丝刷刷除,然后宜采用高压吹风器吹净。

背衬材料的形状有圆形、方形的棒状或片状,应根据实际需要选定,常用的有泡沫塑料棒或条、油毡等;初衬材料应根据不同密封材料选用。填塞时,圆形的背衬材料应大于接缝宽度 1～2 mm;方形背衬材料应与接缝宽度相同或略大,以保证背衬材料与接缝两侧紧密接触;如果接缝较浅时,可用扁平的片状背衬材料隔离。

2)涂刷基层处理剂。

①涂刷基层处理剂前,必须对接缝做全面的严格检查,待全部符合要求后,再涂刷基层处理剂;基层处理剂可采用市购配套材料或密封材料稀释后使用。

②涂刷基层处理剂应注意以下几点。

a. 基层处理剂有单组分与双组分两种。双组分的配合比,按产品说明书中的规定执行。当配制双组分基层处理剂时,要考虑有效使用时间内的使用量,不得多配,以免浪费。单组分基层处理剂要摇匀后使用。基层处理剂干燥后应立即嵌填密封材料,干燥时间一般为 20～60 min。

b. 涂刷时,要用大小合适的刷子,使用后用溶剂洗净。

c. 涂刷有露白处或涂刷后间隔时间超过 24 h,应重新涂刷一次。

d. 基层处理剂容器要密封,用后即加盖,以防溶剂挥发。

e. 不得使用过期、凝聚的基层处理剂。

3)密封材料的配制。

当采用单组分密封材料时,可按产品说明书直接填嵌或加热塑化后使用;当采用双组分密封材料时,应按产品说明书规定的比例,采用机械或人工搅拌后使用。

4)嵌填密封材料。

密封材料的嵌填操作可分为热灌法和冷嵌法施工。改性石油沥青密封材料常采用热灌法和冷嵌法施工。合成高分子密封材料常用冷嵌法施工。

①热灌法施工。采用热灌法工艺施工的密封材料需要在现场塑化或加热,使其具有流塑性后使用;热灌法适用于平面接缝的密封处理。

②冷嵌法施工。冷嵌法施工大多采用手工操作,用腻子刀或刮刀嵌填,较先进的有采用电动或手动嵌缝枪进行嵌填。

5)固化、养护。

已嵌填施工完成的密封材料,应养护 2～3 d,当下一道工序施工时,必须对接缝部位的密封材料采取临时性或永久性的保护措施(如施工现场清扫,找平层、保温隔热层施工时,对已嵌填的密封材料宜用卷材或木板条保护),以防污染及碰损。

6)保护层施工。

①接缝直接外露的密封材料上应做保护层,以延长密封防水年限。

②保护层施工,必须待密封材料表面干燥后才能进行,以免影响密封材料的固化过程及损坏密封防水部位。保护层的施工应根据设计要求进行,如设计无具体要求时,一般可采用密封材料稀释后作为涂料,加铺胎体增强材料,做宽约 200 mm 左右的一布二涂涂膜保护层。此外,也可铺贴卷材、涂刷防水涂料或铺抹水泥砂浆做保护层,其宽度应不小于 100 mm。

第四节 特殊形式防水屋面

【技能要点1】倒置式屋面施工

1. 工艺流程

基层处理 → 水泥砂浆找平 → 防水层 → 保温层 → 隔离层(无纺布等) → 卵石压顶面层

2. 施工工艺要点

(1)施工完的防水层,应进行蓄水或淋水试验,合格后方可进行保温层的铺设。

(2)板状保温材料的铺设应平稳,拼缝应严密。

(3)保护层施工时,应避免损坏保温层和防水层。

(4)当保护层采用卵石铺压时,卵石的质(重)量应符合设计规定。

(5)倒置式屋面是将不吸水或吸水率较低的保温材料设置在柔性防水层上面的屋面,其结构如图1—5和图1—6所示。

(6)倒置式屋面应符合下列规定。

1)倒置式屋面坡度不宜大于3%。

2)倒置式屋面保温层应采用吸水率低,且长期浸水不腐烂的保温材料。

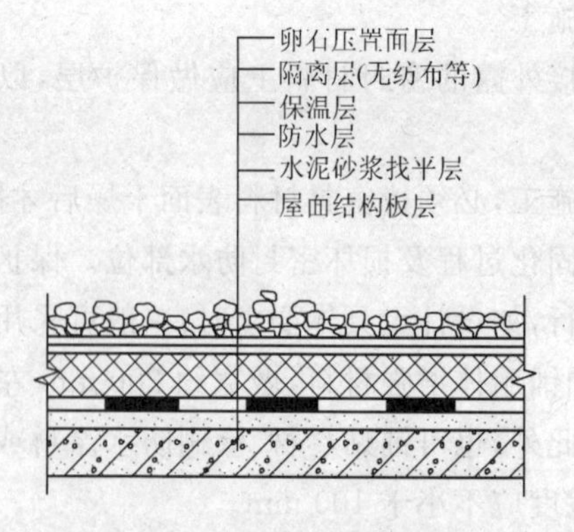

图1—5 倒置式屋面结构(一)

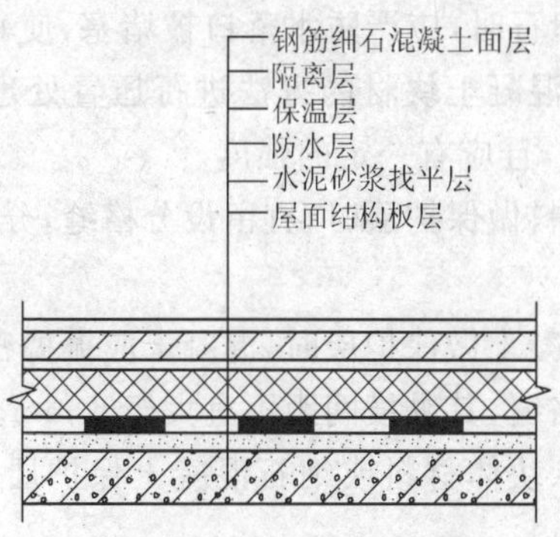

图1—6　倒置式屋面结构(二)

3)保温层可采用干铺或粘贴板状保温材料，也可采用现喷硬质聚氨酯泡沫材料。

4)保温层上面采用卵石保护层时，保护层与保温层之间应铺设隔离层。

5)倒置式屋面的檐沟、水落口等部位，应采用现浇混凝土或砖砌堵头，并做好排水处理。

6)倒置式屋面使用的现喷硬质聚氨酯泡沫塑料与涂料保护层间应具有相容性。

(7)倒置式屋面施工应符合下列规定。

1)屋面找平层应符合设计，找平层强度、排水坡度、转角、弧度等应符合要求。

2)屋面防水层应根据不同的防水材料，采用与其相适应的施工方法，当采用卷材防水层时，宜采用空铺法，但距屋面周边800 mm范围内应满粘，卷材搭接应满粘，并使其粘接牢固，封闭严密。现场发泡硬质聚氨酯保温层应进行分格处理，分格缝内尖用弹性的密封材料填密实。

3)保护层的施工。采用卵石或砂砾做保护层时，卵石应分布均匀，其质量应符合设计要求，粒径宜为20～60 mm，含泥量不宜大于2%，铺压前应在保温层表面铺设一层不低于250 g/m² 的聚酯纤维无纺布作隔离层，无纺布之间的搭接宽度不宜小于

100 mm。铺压卵石时,应严防水落口被堵塞,使其排水畅通;也可以采用平铺预制混凝土块材的方法进行压置处理,但块材的厚度不宜小于 30 mm,且应有一定的强度。

4)用块体材料做保护层时,宜留设分格缝,分格缝宽度不宜小于 20 mm。

5)用细石混凝土做保护层时,混凝土应振捣密实,表面抹平压光,并应留设分格缝,其纵横间距不宜大于 6 mm。

6)水泥砂浆、块体材料或细石混凝土保护层与防水层之间应设置隔离层。

7)刚性保护层与女儿墙、山墙之间应预留宽度为 30 mm 的缝隙,并用密封材料嵌填严密。

【技能要点 2】金属板材屋面施工

1. 材料准备

(1)金属板材的种类很多,有锌板、镀铝锌板、铝合金板、铝镁合金板、钛合金板、铜板、不锈钢板、金属压型夹心板等,厚度一般为 0.4～1.5 mm,板的表面一般进行涂装处理。

(2)金属板材连接件。

(3)密封材料。

2. 机具准备

(1)机械设备。拉铆机、手提式点焊机、手推式辊压机、手推式切割机、不锈钢片成型机、冲击钻。

(2)主要工具。卷尺、粉线袋、木锤、铁锤、鸭嘴钳、木梯、防滑带、安全带。

3. 施工工艺

(1)工艺流程。

檀条安装 → 天沟、檐沟制作安装 → 金属板材吊装 → 金属板材安装 → 檐口、泛水处理

(2)施工要点。

1)檩条施工。

①檩条的规格和间距应根据结构计算确定，每块屋面板端除应设置檩条支承外，中间还应设置至少1根檩条。

②根据设计要求将檩条安装在屋架或山墙预埋件上，檩条的上表面必须与屋面坡度一致，每一坡面上的檩条必须在同一（斜）平面上，固定牢固、坡度准确一致。

2）天沟、檐沟制作安装。

天沟、檐沟一般采用金属板制作，其断面应符合设计要求。金属天沟板应伸入屋面金属板材下不小于100 mm；当有檐沟时，屋面金属板材应伸入檐沟内，其长度不应小于50 mm。天沟、檐沟的安装坡度应符合设计要求。

3）金属板材吊装。

金属板材应采用专用吊具，吊装时，吊点距离不宜大于5 m，吊装时不得损伤金属板材。

4）金属板材安装。

①金属板材应根据板型和设计的配板图铺设。铺设时应先在檩条上安装固定支架，板材和支架的连接应按所采用板材的质量要求确定。安装前应预先钻好压型钢板四角的定位孔（与檩条口的固定支架对应）。

②金属板材应采用带防水垫圈的镀锌螺栓（螺钉）固定，固定点应设在波峰上。所有外露的螺栓（螺钉），均应涂抹密封材料保护。

③铺设金属板材屋面时，相邻两块板应顺延最大频率风向搭接；上下两排板的搭接长度，应根据板型和屋面坡长确定，并应符合板型的要求，搭接部位用密封材料封严；对接拼缝与外露钉帽应做好密封处理。

④金属板材屋面搭接及挑出尺寸应符合表1—5的规定。

5）檐口、泛水处理。

①金属板材屋面檐口应用异型金属板材的堵头封檐板；山墙应用异型金属板材的包角板和固定支架封严。

表 1—5　金属板材屋面搭接及挑出尺寸要求

项次	项目	搭盖尺寸(mm)	检验方法
1	金属板材的横向搭接	大小于 1 个波	用尺量检查
2	金属板材的纵向搭接	≥200	
3	金属板材挑出墙面的长度	≥200	
4	金属板材伸入檐沟内的长度	≥150	
5	金属板材与泛水的搭接宽度	≥200	

②金属板材屋面脊部应用金属屋脊盖板，并在屋面板端头设置泛水挡水板和泛水堵头板。

③每块泛水板的长度不宜大于 2 m，泛水板的安装应顺直；泛水板与金属板材的搭接宽度，应符合不同板型的要求。

【技能要点 3】架空屋面施工

架空屋面是在屋面防水层上架设隔热板，隔热板距屋面高度一般在 10～30 cm 范围内，其间空气可以流通，从而有效地降低楼房顶层的室内温度。

隔热板一般用混凝土预制，其强度等级不应小于 C20，板内应放钢丝网片，板的尺寸应均匀一致，上表面应抹光。缺角少边的隔热板不得使用。

架空屋面施工时最主要的是保护好已完工的防水层。运输及堆放隔热板时要轻拿轻放。运输车不可装得太多，以免压坏防水层，铁撑角要套上橡胶套以免戳破防水层。

施工时先将屋面清扫干净，根据架空板的尺寸，弹出支座中心线。支座一般用 120 mm×120 mm 的砖，1∶0.5∶1 的水泥石灰膏砂浆或 M5 水泥砂浆砌筑，高度按设计要求，支座下面要垫上小块的油毡以保护防水层。

铺设架空板时，应将灰浆刮平。最上一层砖要坐上灰浆，将架空板架稳铺平，随时清扫落在防水层上的砂浆、杂物等，以保证架空隔热层气流畅通。

架空板缝宜用水泥砂浆嵌填，并按设计要求留变形缝。架空屋面不得作为上人屋面使用。

【技能要点4】蓄水屋面施工

蓄水屋面有较好的保温隔热效果，蓄水屋面施工时要注意以下几个问题。

(1)蓄水屋面上所有的孔洞都应预留，不得后凿。所设置的给水管、排水管和溢水管应在防水层施工前安装完毕，管子周围应用C25以上的细石混凝土捣实。

(2)每个蓄水区的防水混凝土应一次浇筑完毕，不得留施工缝；立面与平面的防水层应同时做好。

(3)蓄水屋面的坡度一般为0.5%，蓄水深度除按设计另有要求外，一般最浅处为100～150 mm。

(4)蓄水屋面可采用卷材防水、涂膜防水，也可用刚性防水，卷材和涂膜防水层上应做水泥砂浆保护层，以利于清洗屋面。涂膜不宜用水乳型防水涂料。

(5)蓄水屋面的刚性防水层完工后应及时蓄水养护。蓄水后不得长时间断水。

(6)冬季结冰的地区不宜做蓄水屋面。

【技能要点5】种植屋面施工

种植屋面的构造如图1—7所示。其中防水层最少做两道，其中上面一道为合成高分子卷材，下面一道可做卷材也可以做涂膜，如果做涂膜防水，不宜使用水乳型防水涂料，上下两道防水层之间应满粘，使其成为一个整体防水层。下层防水如果用涂膜，伸缩缝部位要加300 mm宽的隔离条。如果用卷材，可采用条粘。在防水层的上面铺一层较厚的塑料薄膜(大于或等于0.2 mm)作为隔离层和防生根层，塑料薄膜上面可根据设计用1∶2.5水泥砂浆或C20的细石混凝土作保护层。

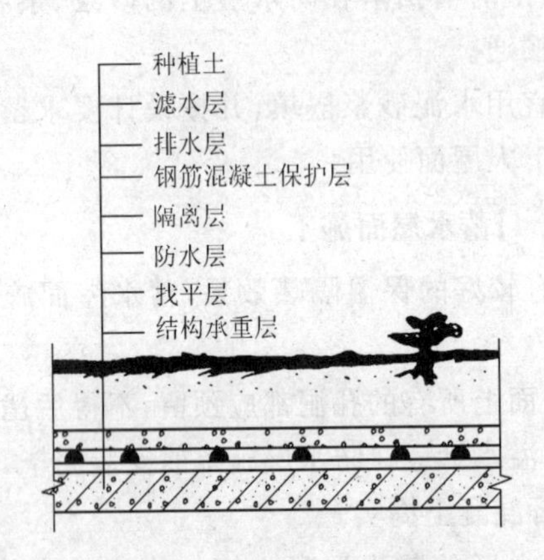

图 1—7　种植屋面构造示意图

保护层完工后，应做蓄水试验，无渗漏即可进行种植部位的施工。屋面上如要安装藤架、坐椅以及上水管、照明管线等，应在防水施工前完成，对这些部位应按前述的规定作加强处理，防水层的高度要做到铺设种植土的部位上面 100 mm 处。其他烟囱口、排汽道等部位也同样处理。

在保护层上面即可按设计要求砌筑种植土挡墙，挡墙下部 150 mm 内应留有孔洞，以保证下层种植土中水可以自由流动，遇暴雨时多余的雨水也可以排出（如图 1—8 所示）。

种植屋面的排水层可用卵石或轻质陶粒。滤水层用 120～140 g/m^2 的聚酯无纺布。

种植屋面应设浇灌系统，较小的屋面可将水管引上屋顶，人工浇灌，较大的屋面宜设微喷灌设备，有条件时，可设自动喷灌系统。不宜用滴灌，因无法观察下层种植土的含水量，不便于掌握灌水量。

喷灌系统的布管宜用铝塑管，不宜用镀锌管，后者易锈蚀。屋面种植荷花或养鱼时，要装设进水控制阀及溢水孔，以维持正常的水位。

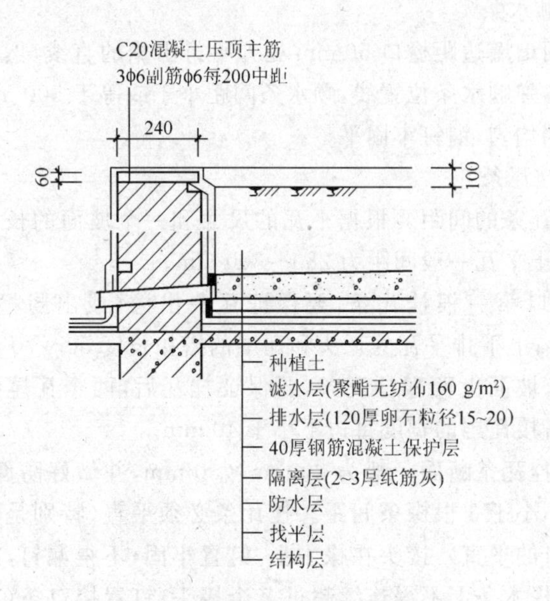

图1-8　种植屋面挡土墙排水孔(单位:mm)

第五节　瓦屋面防水

【技能要点1】平瓦屋面

1. 清理基层

木基层是用木椽条作基层。木椽条基层应符合设计要求,并进行防腐处理,防水层施工前应清理干净。

混凝土基层应设置找平层,找平层应符合设计要求。找平层应平整、光滑、干燥、无裂缝和起皮起砂现象。

2. 防水层施工

平瓦屋面应在基层上面先铺设一层卷材,其搭接宽度不宜小于100 mm。并用顺水条将卷材压钉在基层上,顺水条的间距宜为500 mm,在顺水条上铺挂瓦条。

在木基层上铺设卷材时,应自上而下平行屋脊铺贴,顺流水方向搭接。卷材铺设时应压实铺平,上部工序施工时不得损坏卷材。

3. 钉顺水条

先在两山墙边距檐口 50 mm 处弹平行山檐的直线，然后根据两山檐距离弹顺水条位置线，顺水条间距小于或等于 500 mm。顺水条应分挡均匀，铺钉牢固平整。

4. 钉挂瓦条

(1)挂瓦条的间距要根据平瓦的尺寸和一个坡面的长度经计算确定，黏土平瓦一般间距为 280～300 mm。

(2)檐口第一根挂瓦条，要保证瓦头出檐(或出封檐板)外 50～70 mm；上下排平瓦的瓦头和瓦尾的搭扣长度 50～70 mm；屋脊处的两个坡面上两根挂瓦条，要保证挂瓦后，两个瓦尾搭盖脊瓦。脊瓦搭接瓦尾的宽度每边不小于 40 mm。

(3)木挂瓦条断面一般为 30 mm×30 mm，并做好防腐处理。长度一般不小于 3 根椽条间距。挂瓦条必须平直(特别是保证挂瓦条上边口的平直)，接头在椽木上，钉置牢固，不得漏钉，接头要错开，同一椽木条上不得连续超过 3 个接头；钉置接口条(或封椽板)时，要比挂瓦条高 20～30 mm，以保证椽口的第一块瓦的平直；钉挂瓦一般从椽口开始逐步向上至屋脊。钉置时，要随时校核挂瓦条间距尺寸的一致。为保证尺寸准确，可在一个坡面两端准确量出瓦条间距，通长拉线钉挂瓦条。

(4)挂瓦条应分挡均匀，铺钉平整、牢固，行列整齐、搭接紧密、檐口平直。

(5)挂瓦条做法：先在距屋脊 30 mm 处弹一平行屋脊的直线，确定最上一条挂瓦条的位置，再在距屋檐 50 mm 处弹一平行于屋脊的直线，确定最下一条挂瓦条的位置，然后再根据瓦片和搭接要求均分弹出中间部位的挂瓦条位置线。挂瓦条的间距要保证上一层瓦的挡雨檐要将下排瓦的钉孔盖住。

5. 铺瓦

(1)选瓦。根据平瓦质量等级要求挑选。凡有砂眼、裂纹、掉角、缺边、少爪等不符合质量要求规定的不准使用，半边瓦用于山檐边、斜沟、斜脊处，其使用部分的表面不得有缺损或裂缝。

(2)上瓦。基层检验合格后,方可将挑选合格的瓦运上屋面。上瓦至屋架承重的屋面上时,必须前后两坡同时进行,以免屋架受力不均匀而变形。

(3)摆瓦。摆瓦一般有“条摆”和“堆摆”两种。“条摆”要求隔3根挂瓦条摆一条瓦,每米约22块,摆放稳妥。“堆摆”要求一堆9块瓦,间距为左右隔两块瓦宽,上下隔2根挂瓦条,均匀错开,摆放稳妥。

6. 铺挂屋面、檐口瓦

挂瓦次序从檐口由下到上、自左向右同时进行。在基层上采用泥背铺设平瓦时,泥背应分两层铺抹,待第一层干燥再铺抹第二层,并随铺平瓦。在混凝土基层上铺设平瓦时,应在基层表面抹1∶3水泥砂浆找平层,钉设挂瓦条挂瓦。当设有卷材或涂膜防水层时,防水层应铺设在找平层上;当设有保温层时,保温层应铺设在防水层上。檐口瓦要挑出檐口50～70 mm,如图1—9所示。

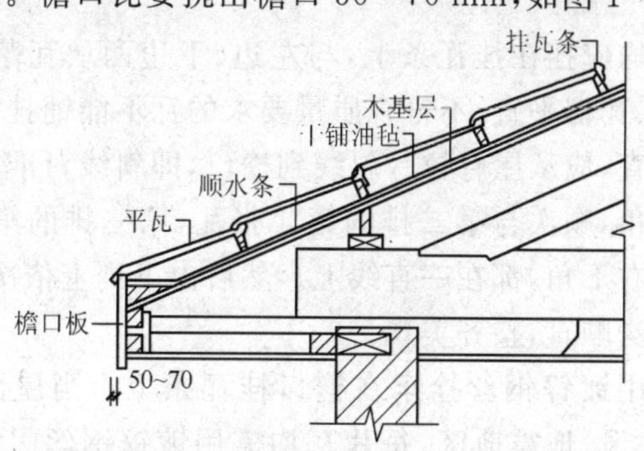

图1—9　平瓦檐口的做法(单位:mm)

平瓦坡面檐口简介

平瓦坡屋面的檐口有多种做法,要根据屋架的类型来选择。当烟囱穿过坡屋面时,首先要注意木构件的防火问题按现行国家规范规定,木构件距烟囱外壁大于或等于50 mm,距烟囱内壁大于或等于350 mm。烟囱与屋面交接处的泛水做法如图1—10所示。

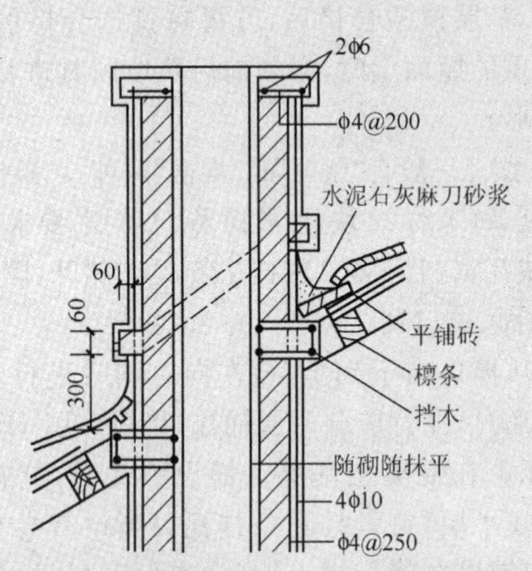

图 1—10 烟囱与屋面交接处的泛水做法(单位:mm)

瓦后爪均应挂在挂瓦条上,与左边、下边两块瓦落槽密合,随时注意瓦面、瓦楞平直,不符合质量要求的瓦不能铺挂。为保证铺瓦的平整顺直,应从屋脊拉一斜线到檐口,即斜线对准屋脊下第一张瓦的右下角,顺次与第二排的第二张瓦,第三排的第三张瓦,直到檐口瓦的右下角,都在一直线上。然后由下到上依次逐张铺挂,可以达到瓦沟顺直,整齐美观。

檐口瓦用镀锌钢丝拴牢在檐口挂瓦条上。当屋面坡度大于50%,或在大风、地震地区,每片瓦均需用镀锌钢丝固定于挂瓦条上。檐口瓦应铺成一条直线,天沟处的瓦要根据宽度及斜度弹线锯料。整坡瓦应平整,行列横平竖直,无翘角和张口现象。沿山墙封檐的一行瓦,宜用 1∶2.5 水泥砂浆做出披水线将瓦封固,如图1—11 所示。

【技能要点 2】油毡瓦屋面

(1)清理基层。将已验收合格的基层彻底清扫干净。

(2)涂刷冷底子油(木基层铺设卷材垫毡)。

1)在混凝土基层上涂刷冷底子油两遍,第一遍横向涂刷,第二遍竖向涂刷,涂刷要求薄而均匀不露底。

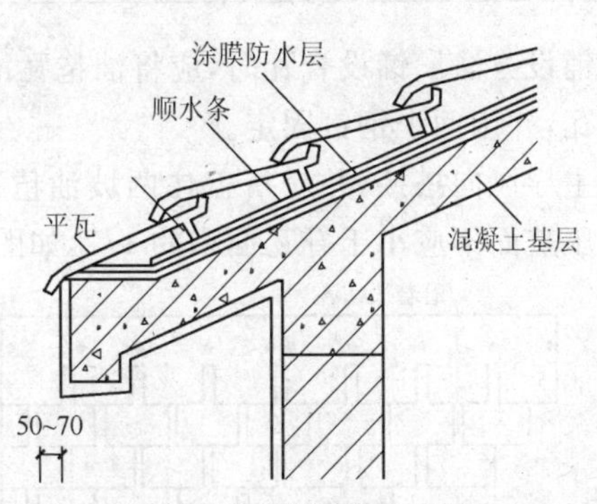

图 1—11　混凝土基层檐口(单位:mm)

2)在木基层上干铺卷材垫毡。卷材垫毡可采用油毡,也可使用高聚物改性沥青防水卷材。铺设卷材垫毡时应平行屋脊铺设,并从标高最低处逐渐向高处铺设,卷材搭接缝应顺流水方向搭接,搭接宽度长边为 100 mm,短边为 150 mm,并用钉子在搭接缝中心线上固定,钉距为 400 mm,钉帽应盖在垫毡下面。

(3)细部构造附加层施工。无论是混凝土基层还是木基层,都要先做细部附加层增强处理。如在烟囱、伸出屋面管道、阴阳角等部位用改性沥青胶黏剂粘贴一层高聚物改性沥青防水卷材(3 mm 厚),泛水高度不低于 250 mm。

(4)弹基准线。在屋面基层上弹线,其施工方法如下:垂直方向的中心线与屋脊垂直,垂直方向的每一条张之间的距离为 125 mm(两片型)或 167 mm(三片型)。第一条水平线要弹在距初始层油毡瓦的底部 194 mm 处。其他水平弹线之间的距离为 142 mm。

(5)铺钉油毡瓦。

1)大面铺钉油毡瓦。油毡瓦应自檐口向上铺设。第一层油毡瓦应伸出檐口 10～20 mm 且平行铺设,切槽应向上指向屋脊,用钢钉和黏结材料同时固定;第二层油毡瓦应与第一层油毡瓦叠合,但切槽应向下指向檐口;第三层油毡应压在第二层上,垂直方向露出切槽 125 mm,水平方向露出切槽 142 mm。油毡瓦之间切槽上下两层不能重合。每片油毡瓦钉 4 个钢钉;当屋面坡度大于 150%时,应增加钢钉的数量和油毡瓦与基层的黏结点,如图 1—12 所示。

2)脊瓦的铺设方法。铺设脊瓦时,应将油毡瓦沿切槽剪开,分成四块作为脊瓦,并用两个钢钉固定。

脊瓦应顺主导风向搭接,并应搭盖住两坡油毡瓦接缝的 1/3。脊瓦与脊瓦的压盖面不应小于脊瓦面积的 1/2,如图 1—13 所示。

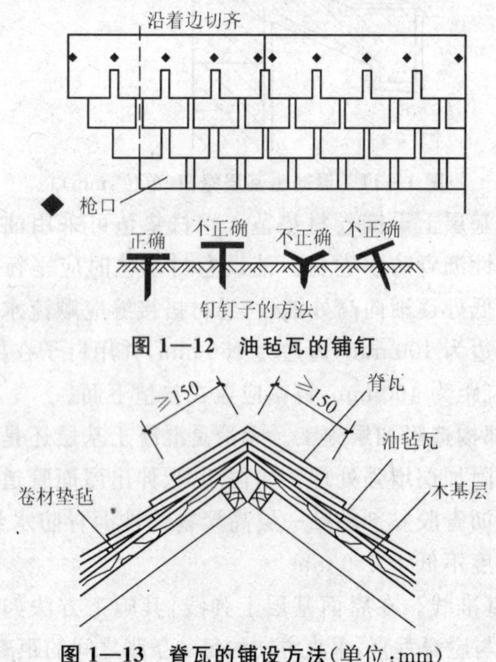

图 1—12 油毡瓦的铺钉

图 1—13 脊瓦的铺设方法(单位:mm)

(6)屋面与突出屋面结构的交接处,油毡瓦应铺贴在立面上,其高度不应小于 250 mm。在屋面与突出屋面烟囱、管道等交接处,应先做二毡三油防水层,待铺瓦后再用高聚物改性沥青卷材做单层防水。

1)女儿墙、山墙泛水施工如图 1—14 所示,油毡瓦可沿女儿墙的八字坡铺设,并用镀锌薄钢板覆盖,钉入墙内预埋木砖上;泛水上口与墙间的缝隙应用密封膏封严。

2)檐口施工做法,如图 1—15 所示。

3)檐口油毡瓦与卷材之间,应采用满粘法铺贴,如图 1—16 所示。

4)油毡瓦屋面与屋顶窗交接处,应采用金属排水板、窗框固定铁角、窗口防水卷材、支瓦条等连接,如图 1—17 所示。

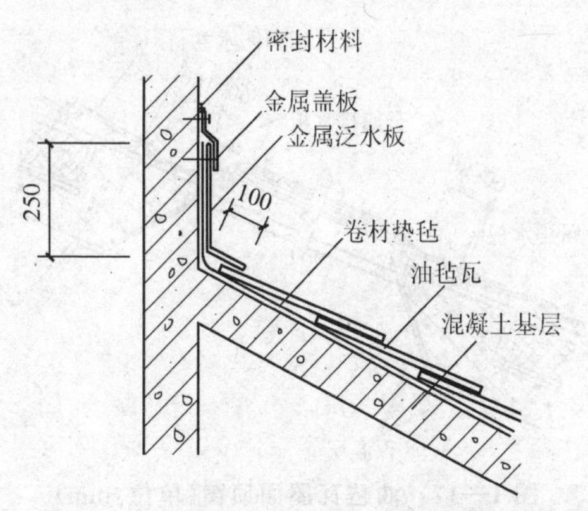

图 1—14　女儿墙、山墙泛水施工做法(单位:mm)

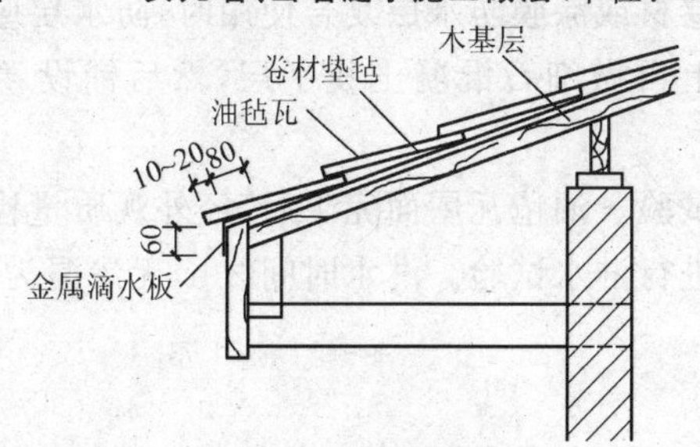

图 1—15　檐口施工做法(单位:mm)

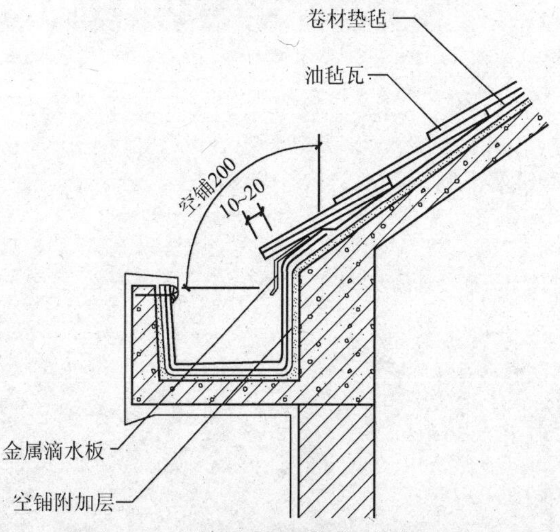

图 1—16　油毡瓦屋面檐沟(单位:mm)

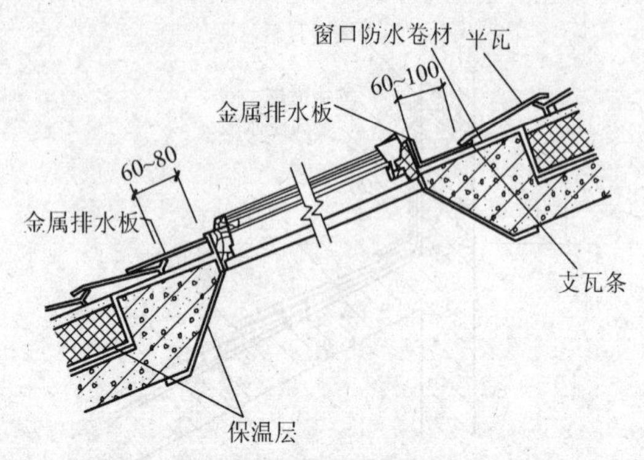

图 1—17　油毡瓦屋面顶窗(单位:mm)

(7)当与卷材或涂膜防水层复合使用时,防水层应铺设在找平层上,防水层上再做细石混凝土找平层,然后铺设卷材油毡和油毡瓦。

(8)淋水试验。油毡瓦屋面完工后,经外观质量检查符合设计要求后,即可进行淋水试验。淋水时间 2 h,无渗漏为合格。

第二章　地下工程防水施工技术

第一节　卷材防水层

【技能要点1】卷材防水层施工

1.外防外贴法施工

外防外贴法是在混凝土底板和结构墙体浇筑前，先在墙体外侧的垫层上用半砖砌筑高1 m左右的永久性保护墙体。

(1)砌筑永久性保护墙。在结构墙体的设计位置外侧，用M5砂浆砌筑半砖厚的永久性保护墙体。墙体应比结构底板高160 mm左右。

(2)抹水泥砂浆找平层。在垫层和永久性保护墙表面抹1∶(2.5～3)的水泥砂浆找平层。找平层厚度、阴阳角的圆弧和平整度应符合设计要求或规范规定。

(3)涂布基层处理剂。找平层干燥并清扫干净后，按照所用的不同卷材种类，涂布相应的基层处理剂，如用空铺法，可不涂布基层处理剂。基层处理剂可用喷涂或刷涂法施工，喷涂应均匀一致，不露底。如基面较潮湿时，应涂刷湿固化型胶粘剂或潮湿界面隔离剂。

(4)铺贴卷材。地下室工程卷材防水层应先铺贴平面，后铺贴立面。第一块卷材应铺贴在平面和立面相交接的阴角处，平面和立面各占半幅卷材。待第一块卷材铺贴完后，以后的卷材应根据卷材的搭接宽度(长边为100 mm，短边为150 mm)，在已铺卷材的搭接边上弹出基准线。

厚度为3 mm以下的高聚物改性沥青防水卷材，不得用热熔法施工。

热塑性合成高分子防水卷材的搭接边，可用热风焊法进行黏结。

待胶粘剂基本干燥后，即可铺贴卷材。在平面与立面交界部位，应先铺贴平面部位的半幅卷材，然后沿阴角根部由下向上铺贴立面部位的另一半卷材。自平面折向立面的防水卷材，应与永久性保护墙体紧密贴严。

卷材铺贴完毕后，应用建筑密封材料对长边和短边搭接缝进行嵌缝处理。

(5)粘贴封口条。卷材铺贴完毕后，对卷材长边和短边的搭接缝应用建筑密封材料进行嵌缝处理，然后再用封口条做进一步封口密封处理，封口条的宽度为 120 mm，如图 2—1 所示。

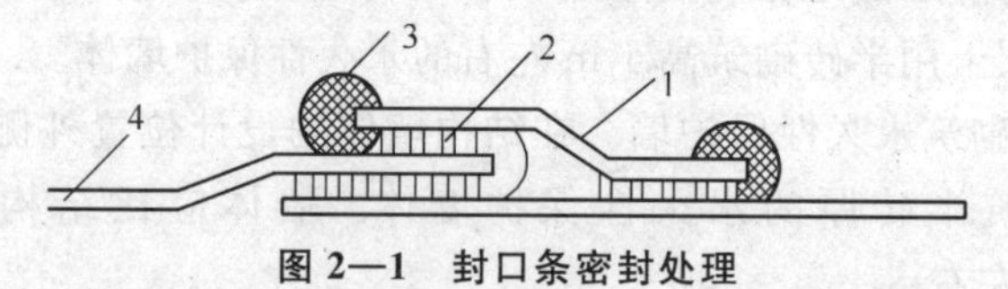

图 2—1　封口条密封处理

1—封口条；2—卷材胶粘剂；3—密封材料；4—卷材防水层

(6)铺设保护层。平面和立面部位的防水层施工完毕并经检查验收合格后，宜在防水层上虚铺一层沥青防水卷材做保护隔离层，铺设时宜用少许胶粘剂花粘固定，以防在浇筑细石混凝土刚性保护层时发生位移。保护隔离层铺设完毕，即可浇筑 40～50 mm 厚的细石混凝土保护层。在浇筑细石混凝土的过程中，切勿损伤保护隔离层和卷材防水层。如有损伤必须及时对卷材防水层进行修补，修补后再继续浇筑细石混凝土保护层，以免留下渗漏隐患。

(7)砌筑临时性保护墙体。在浇筑结构墙体时，对立面部位的防水层和油毡保护层，按传统的临时性处理方法是将它们临时平铺在永久性保护墙体的平面上，然后用石灰浆砌筑 3 皮单砖临时性保护墙，压住油毡及卷材。

(8)浇筑平面保护层和抹立面保护层。油毡保护层铺设完后，平面部位即可浇筑 40～50 mm 厚的 C20 细石混凝土保护层。立面部位（永久性保护墙体）防水层表面抹 20 mm 厚 1∶(2.5～3)水泥砂浆找平层加以保护。拌和时宜掺入微膨胀剂。在细石混凝土及水泥砂浆保护层养护固化后，即可按设计要求绑扎钢筋，支模板进行浇筑混凝土底板和墙体施工。

(9)结构墙体外墙表面抹水泥砂浆找平层。先拆除临时性保护墙体，然后在外墙表面抹水泥砂浆找平层，如图 2—2 所示。

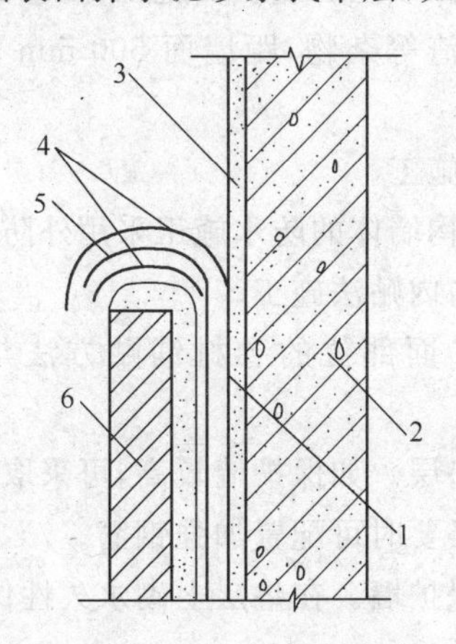

图 2—2　外墙表面抹水泥砂浆找平层

1—油毡保护层表面的找平层；2—结构墙体；3—外墙表面的找平层；

4—油毡保护层；5—防水卷材；6—永久性保护墙体

(10)铺贴外墙立面卷材防水层。将甩槎防水卷材上部的保护隔离卷材撕掉，露出卷材防水层，沿结构外墙进行接槎铺贴。铺贴时，上层卷材盖过下层卷材不应小于 150 mm，短边搭接宽度不应小于 100 mm。遇有预埋管(盒)等部位，必须先用附加卷材(或加筋防水涂膜)增强处理后再铺贴卷材防水层。铺贴完毕后，凡用胶粘剂粘贴的卷材防水层，应用密封材料对搭接缝进行嵌缝处理，并用封口条盖缝，用密封材料封边。

(11)外墙防水层保护施工。外墙防水层经检查验收合格，确认无渗漏隐患后，可在卷材防水层的外侧用胶粘剂点粘 5～6 mm 厚聚乙烯泡沫塑料片材或 40 mm 厚聚苯乙烯泡沫塑料保护层。外墙保护层施工完毕后，即可根据设计要求或施工验收规范的规定，在基坑内分步回填 3∶7 灰土，并分步夯实。

(12)顶板防水层与保护层施工。顶板防水卷材铺贴同底板垫层上铺贴。铺贴完后应设置厚 70 mm 以上的 C20 细石混凝土保护层，同时在保护层与防水层之间应设虚铺卷材做隔离层，以防止细石混凝土保护层伸缩而破坏防水层。

(13)回填土。回填土必须认真施工，要求分层夯实，土中不得含有石块、碎砖、灰渣等杂物，距墙面 500 mm 范围内宜用黏土或2∶8灰土回填。

2.外防内贴法施工

当地下围护结构墙体的防水施工采用外防外贴法受现场条件限制时，可采用外防内贴法施工。

外防内贴法平面部位的卷材铺贴方法与外防外贴法基本相同。

(1)做混凝土垫层。如保护墙较高，可采取加大永久性保护墙下垫层厚度做法，必要时可配置加强钢筋。

(2)砌永久性保护墙。在垫层上砌永久性保护墙，厚度为 1 砖厚，其下干铺一层卷材。

(3)抹水泥砂浆找平层。在已浇筑的混凝土垫层和砌筑的永久性保护墙体上抹 20 mm 厚 1∶(2.5～3)掺微膨胀剂的水泥砂浆找平层。

(4)涂布基层处理剂。待找平层的强度达到设计要求的强度后，即可在平面和立面部位涂布基层处理剂。

(5)铺贴卷材。卷材宜先铺立面后铺平面。立面部位的卷材防水层，应从阴阳角部位逐渐向上铺贴，阴阳角部位的第一块卷材，平面与立面各半幅，然后在已铺卷材的搭接边上弹出基准线，再按基准线铺贴卷材。

卷材的铺贴方法、卷材的搭接黏结、嵌缝和封口密封处理方法与外防外贴法相同。

(6)铺设保护隔离层和保护层。施工质量检查验收，确认无渗漏隐患后，先在平面防水层上点粘石油沥青纸胎卷材保护隔离层，立面墙体防水层上粘贴 5～6 mm 厚聚乙烯泡沫塑料片材保护层。施工方法与外防外贴法相同。然后在平面卷材保护隔离层上浇筑厚 50 mm 以上的 C20 细石混凝土保护层。

(7)浇筑钢筋混凝土结构层。按设计要求绑扎钢筋和浇筑混凝土主体结构，施工方法与外防外贴法相同。如利用永久性保护墙体代替模板，则应采取稳妥的加固措施。

(8)回填土。外防内贴法的主体结构浇筑完毕后，应及时回填3∶7灰土，并分步夯实。

【技能要点2】地下沥青防水卷材铺贴

1.平面铺贴要点

铺贴卷材前，宜使基层表面干燥，先喷冷底子油结合层两道，然后根据卷材规格及搭接要求弹线，按线分层铺设，铺贴卷材应符合下列要求。

(1)粘贴卷材的沥青胶结材料的厚度一般为1.5～2.5 mm。

(2)卷材搭接长度，长边不应小于100 mm，短边不应小于150 mm。上下两层和相邻两幅卷材的接缝应错开，上下层卷材不得相互垂直铺贴。

(3)在平面与立面的转角处，卷材的接缝应留在平面上距立面不小于600 mm处。

(4)在所有转角处均应铺贴附加层。附加层可用两层同样的卷材，也可用一层抗拉强度较高的卷材。附加层应按加固处的形状仔细粘贴紧密。

(5)粘贴卷材时应展平压实。卷材与基层和各层卷材间必须黏结紧密，多余的沥青胶结材料应挤出，搭接缝必须用沥青胶结料仔细封严。最后一层卷材贴好后，应在其表面不均匀地涂刷一层厚度为1～1.5 mm的热沥青胶结材料。同时撒拍粗砂以形成防水保护层的结合层。

(6)平面与立面结构施工缝处，防水卷材接槎的处理，如图5—3所示。

2.立面铺贴要点

铺贴前宜使基层表面干燥，满喷冷底子油两道，干燥后即可铺贴。铺贴立面卷材，有两种铺贴方法，其做法要求如下。

(1)外防外贴法。应先铺平面，后铺贴立面，平立面交接处应加铺附加层。一般施工将立面底根部根据结构施工缝高度改为外防内贴卷材层，接槎部位先做的卷材应留出搭接长度，该范围的保护墙应用石灰砂浆砌筑，待结构墙体做外防外贴卷材防水层时，分层接槎，外防水错槎处接缝如图 2—3 所示。经验收后砌筑保护墙。

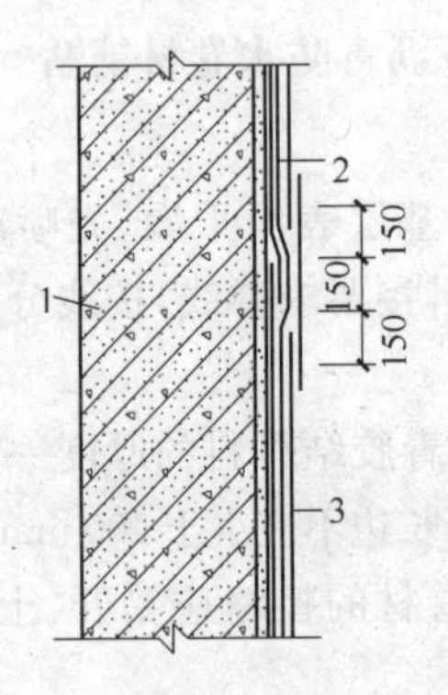

图 2—3 防水错槎接缝(单位：mm)

1—需防水结构；2—油毡防水层；3—找平层

(2)外防内贴法。在结构施工前，应将永久性保护墙砌筑在与需防水结构同一垫层上。保护墙贴防水卷材面应先抹 1∶3 水泥砂浆找平层，干燥后喷涂冷底子油，干燥后即可铺贴油毡卷材。卷材铺贴必须分层，先铺贴立面，后铺贴平面，铺贴立面时应先铺转角，后铺大面；卷材防水层铺完后，应按规范或设计要求做水泥砂浆或混凝土保护层，一般在立面上应在涂刷防水层最后一层沥青胶结材料时，粘上干净的粗砂，待冷却后，抹一层 10～20 mm 厚的 1∶3 水泥砂浆保护层；在平面上可铺设一层 30～50 mm 厚的细石混凝土保护层。

3. 保护层或保护墙

外防内贴卷材防水层表面应做保护层，平面卷材面做 30～50 mm厚细石混凝土保护层；立面抹 10～20 mm 厚 1∶3 水泥砂浆保护层。卷材平面防水层施工中和完成后，不得在防水层上放置材料或防水层用作施工运输车道。

【技能要点3】高聚物改性沥青卷材防水铺贴

1.冷黏结法施工要点

冷黏结法是将冷胶粘剂(冷玛瑞脂、聚合物改性沥青胶粘剂等)均匀地涂布在基层表面和卷材搭接边上,使卷材与基层、卷材与卷材牢固地胶粘在一起的施工方法。

(1)涂刷胶粘剂要均匀、不露底、不堆积。胶粘剂涂布厚度一般为1～2 mm,用量不小于1 kg/m²。

(2)涂刷胶粘剂后,铺贴防水卷材,其间隔时间根据胶粘剂的性能确定。

(3)铺贴卷材的同时,要用压辊滚压驱赶卷材下面的空气,使卷材粘牢。

(4)卷材的铺贴应平整顺直,不得有皱褶、翘边、扭曲等现象。卷材的搭接应牢固,接缝处溢出的冷胶粘剂随即刮平,或者用热熔法接缝。

(5)卷材接缝口应用密封材料封严,密封材料宽度不小于10 mm。

2.冷黏结法施工要点

冷黏结法是在生产防水卷材时,就在卷材底面涂了一层压敏胶(属于高性能胶粘剂),压敏胶表面敷有一层隔离纸。施工时,撕掉隔离纸,直接铺贴卷材即可。很显然,压敏胶就是冷胶粘剂,冷黏结法靠压敏胶将基层与卷材、卷材与卷材紧密地黏结在一起。

(1)先在基层表面均匀涂布基层处理剂,处理剂干燥后再及时铺贴卷材。

(2)铺贴卷材时,要将隔离纸撕净。

(3)铺贴卷材时,用压辊滚压以驱赶卷材下面的空气,并使卷材粘牢。

(4)卷材的铺贴应平整顺直,不得有皱褶、翘边、扭曲等现象。卷材的搭接应牢固,接缝处宜采用热风焊枪加热,加热后随即粘牢卷材,溢出的压敏胶随即刮平。

(5)卷材接缝口应用密封材料封严,密封材料宽度不小于

10 mm。

3.热熔法施工要点

热熔法是用火焰喷枪(或喷灯)喷出的火焰烘烤卷材表面和基层(已刷过基层处理剂),待卷材表面熔融至光亮黑色,基层得到预热,立即滚铺卷材。边熔融卷材表面,边滚铺卷材,使卷材与基层、卷材与卷材之间紧密黏结。

热熔法安全施工措施

(1)建筑防水工程施工必须遵守国务院颁布的《建筑安装工程安全技术规程》和《中华人民共和国消防条例》,严格执行公安部关于建筑工地防火及其他有关安全防火的专门规定。

(2)材料存放于专人负责的库房,严禁烟火并挂有醒目的警告标志和防火措施。

(3)防水卷材采用热熔粘结,使用明火(如喷灯)操作时,应申请办理用火证,并设专人看火。配有灭火器材,周围 30 m 内不准有易燃物。

(4)调制冷底子油时,应严格控制沥青的配置温度,防止加入溶剂时发生火灾,同时调制地点应远离明火 10 m 以外,操作人员不得吸烟。

(5)采用热熔法施工时,石油液化气罐、氧气瓶等应有技术检查合格证,使用时,要严格检查各种安全装置是否齐全有效,施工现场不得有其他明火作业,遇屋面有易燃设置时,应采取隔离防护措施。

(6)火焰喷枪或汽油喷灯应由专人保管和操作,点燃的火焰喷枪(或喷灯口)不准对着人员或堆放卷材处,以免烫伤或着火。

(7)喷枪使用前,应先检查涂化气钢瓶开关及喷枪开关等各个环节的气密性,确认完好无损后才可点燃喷枪,喷枪点火时,喷枪开关不能旋到最大状态,应点燃后缓缓调节;气油喷灯加油不得过满,打气不能过足。

若防水层为双层卷材,第二层卷材的搭接缝与第一层的搭接缝应错开卷材幅宽的1/3～1/2，以保证卷材的防水效果。

(1)喷枪或喷灯等加热器喷出的火焰，距卷材面的距离应适中；幅宽内加热应均匀，不得过分加热或烧穿卷材，以卷材表面熔融至光亮黑色为宜。

(2)卷材表面热熔后，应立即滚铺卷材，并用压辊滚压卷材，排除卷材下面的空气，使卷材黏结牢固、平整，无皱褶、扭曲等现象。

(3)卷材接缝处，用溢出的热熔改性沥青随即刮平封口。

4.保护层施工

平面做水泥砂浆或细石混凝土保护层；立面防水层施工完，应及时稀撒石渣后抹水泥砂浆保护层。

【技能要点4】合成高分子卷材防水铺贴

(1)铺贴前在基层上排尺弹线，作为掌握铺贴的标准线，使其铺设平直。

(2)卷材粘贴面涂胶。将卷材铺展在干净的基层上，用长把滚刷蘸胶涂匀，应留出搭接部位不涂胶。晾胶至胶基本干燥不粘手。

(3)基层表面涂胶。底胶干燥后，在清理干净的基层面上，用长把滚刷蘸胶均匀涂刷，涂刷面不宜过大，然后晾胶。

(4)卷材粘贴。在基层面及卷材粘贴面已涂刷好胶的前提下，将卷材用ϕ30、长1.5 m的圆心棒(圆木或塑料管)卷好，由两人抬至铺设端头，注意用线控制，位置要正确，黏结固定端头，然后沿弹好的标准线向另一端铺贴。操作时卷材不要拉太紧，并注意方向沿标准线进行，以保证卷材搭接宽度。

1)卷材不得在阴阳角处接头，接头处应间隔错开。

2)操作中排气。每铺完一张卷材，应立即用干净的滚刷从卷材的一端开始横向用力滚压一遍，以便将空气排出。

3)滚压。排除空气后，为使卷材黏结牢固，应用外包橡皮的铁辊滚压一遍。

4)接头处理。卷材搭接的长边与端头的短边100 mm范围内，用丁基胶粘剂黏结，涂于搭接卷材的两个面，待其干燥15～30 min即可进行压合，挤出空气，不许有皱褶，然后用铁辊滚压一遍。

凡遇有卷材重叠三层的部位，必须用聚氯酯嵌缝膏填密封严。

5)收头处理。防水层周边用聚氨酯嵌缝，并在其上涂刷一层聚氨酯涂膜。

(5)保护层。防水层做完后，应按设计要求做好保护层，一般平面为水泥砂浆或细石混凝土保护层；立面为砌筑保护墙或抹水泥砂浆保护层，外做防水层的也可贴有一定厚度的板块保护层。

第二节　涂膜防水层

【技能要点 1】工艺流程

基层处理 → 涂刷底层涂料 → (增强涂布或增补涂布) → 涂布第一道涂膜防水层 → (增强涂布或增补涂布) → 涂布第二道(或面层)涂膜防水层 → 稀撒石渣 → 铺抹水泥砂浆 → 粘贴保护层

【技能要点 2】施工要点

1. 聚氨酯涂膜防水层施工

(1)基层要求及处理。

①基层要求坚固、平整光滑，表面无起砂、疏松、蜂窝麻面等现象，如有上述现象存在时，应用水泥砂浆找平或用聚合物水泥腻子填补刮平。

②遇有穿墙管或预埋件时，穿墙管或预埋件应按规定安装牢固、收头圆滑。

③基层表面的泥土、浮土、油污、砂粒疙瘩等必须清除干净。

(2)涂刷基层处理剂。

将聚氨酯甲、乙组分和二甲苯按 1∶1.5∶2 的比例(质量比)配置，搅拌均匀，再用长柄滚刷蘸满混合料均匀地涂刷在基层表面上，涂刷时不得堆积或露白见底，涂刷量以 0.3 kg/m² 左右为宜，涂后应干燥 5 h 以上，方可进行下一工序施工。

(3)涂布操作要点。

①涂布顺序应先垂直面、后水平面，先阴阳角及细部节点、后

大面。每层涂抹方向应相互垂直。

增强涂布或增补涂布可在涂刷基层处理剂后进行，也可以在涂布第一遍涂膜防水层以后进行。也有将增强涂布夹在每相邻两层涂膜之间的做法。

②在阴阳角、穿墙管周围、预埋件及设备根部、施工缝或开裂处等需要增强防水层抗渗性的部位，应做增强或增补涂布。

增强涂布是在涂布增强涂膜中铺设聚酯纤维无纺布，做成"一布二涂"或"二布三涂"，用板刷涂刮驱除气泡，将聚酯纤维无纺布紧密地粘贴在已涂刷基层处理剂的基层上，不得出现空鼓或折皱。这种做法一般为条形。增补涂布为块状，做法同增强涂布，但可做多次涂抹。增强、增补涂布与基层处理剂是组成涂薄防水层的最初涂层，对防水层的抗渗性能具有重要作用，因此涂布操作时要认真仔细，保证质量，不得有气孔、鼓泡、皱褶、翘边、露白等缺陷，聚酯纤维无纺布应按设计规定搭接。

③防水涂膜涂布时，用长柄滚刷蘸取配制好的混合料，顺序均匀地涂刷在基层处理剂已干燥的基层表面上，涂刷时要求厚薄均匀一致，对平面基层以 3～4 遍为宜，每遍涂刷量为 0.6～0.8 kg/m^2；对立面基层以涂刷 4～5 遍为宜，每遍涂刷量为 0.5～0.6 kg/m^2。防水涂膜总厚度以不小于 2 mm 为合格。

④涂完第一遍涂膜后，一般需固化 5 h 以上，以指触基本不粘时，再按上述方法涂刷第二、三、四、五遍涂层。对平面基层，应将搅拌均匀的混合料分开倒于基面上，用刮板将涂料均匀地刮开摊平；对立面基层，一般采用塑料畚箕刮涂，畚箕口倾斜与墙面成 60°夹角，自下而上用橡皮刮板刮涂。

⑤每遍涂层涂刷时，应交替改变涂层的涂刷方向，同层涂膜的先后搭茬宽度宜为 30～50 mm。

⑥每遍涂层宜一次连续涂刷完毕，如需留设施工缝时，对施工缝应注意保护，搭接缝宽度应大于 100 mm，接涂前应将施工缝处表面处理干净。

⑦待每遍涂层固化干燥后，应进行检查，如有空鼓、气孔、露

底、堆积、固化不良、裂纹等缺陷，应进行修补，修补后方可涂布下一层。

⑧当防水层中需铺设胎体增强材料时，一般应在第二遍涂层刮涂后，立即铺贴聚酯纤维无纺布，并使无纺布平坦地粘贴在涂膜上，长短边搭接宽度均应大于 100 mm，在无纺布上再滚涂混合料，滚压密实，不允许有皱褶或空鼓、翘边现象。经 5h 以上固化后，方可涂刷第三遍涂层。如有二层或二层以上胎体增强材料时，上下层接缝应错开 1/3 幅宽。

(4)保护层施工。

①平面部位，当最后一遍涂膜完全固化，经检查合格后，即可铺一层沥青卷材作隔离层，铺设时可用少许聚氨酯涂料或氯丁橡胶类胶粘剂花粘固定，然后再隔离层上浇筑 40～50 mm 厚细石混凝土作刚性保护层，施工时必须注意避免机具或材料损伤卷材隔离层和涂膜防水层，如有损伤应及时修复，避免留下隐患。完成刚性保护层后，即可根据设计要求绑扎钢筋，浇筑主体结构混凝土。

②立面部位。当最后一遍涂料刮涂后，在固化前立即粘贴 5～6 mm 厚聚乙烯泡沫塑料片作软保护层，粘贴时要求泡沫塑料片拼缝严密，以防回填土时损伤防水涂膜，或在最后一遍涂料时，边刷涂料边撒中粗砂，待黏结牢固后抹水泥砂浆或砌砖保护层。保护层施工完毕，即可按设计要求分层夯实回填土。

2. 硅橡胶涂膜防水层施工

(1)基层要求及处理。

①基层应坚实、平整光滑，表面不得有起砂、疏松、剥落和凹凸不平现象。

②基层上的灰尘、油污、碎屑及尖锐棱角应清除干净，凹凸和裂缝等应用水泥砂浆或涂料腻子填补找平，并要达到一定强度。

(2)涂布操作要点。

①防水层可采用喷涂、滚涂或刷涂均可。一般采用刷涂法，用长板刷、排笔等软毛刷进行。涂料使用前应先搅拌均匀，并不得任意加水。

②防水层的刷涂层次，一般分四遍，第一、四遍为1号涂料，第二、三遍为2号涂料。

③涂刷程序应先做转角，穿墙管道、变形缝等节点附加增强层，然后再做大面积涂布。

④首先在处理好的基层上均匀地涂刷一遍1号防水涂料，不得漏涂，同时涂刷不宜太快，以免在涂层中产生针眼、气泡等质量通病，待第一遍涂料固化干燥后再涂刷第二遍。

⑤第二、三遍均涂刷2号防水涂料，每遍涂料均应在前遍涂料固化干燥后涂刷。凡遇底板与立墙根连接的阴角，均应铺设聚酯纤维无纺布进行附加增强处理，做法与聚氨酯涂料处理相同。

(3)保护层施工。

①当第四遍涂料涂刷后，表面尚未固化而仍发粘时，在其上抹一层1∶2.5水泥砂浆保护层。由于该防水涂料具有憎水性，因此抹砂浆保护层时，其砂浆的稠度应小于一般砂浆，并注意压实抹光，以保证砂浆与防水层有良好的粘结，同时，水泥砂浆中要清除小石子及尖锐颗粒，以免在抹压时损伤防水涂膜。

②当采用外防内涂法施工时，则可在第四遍涂膜防水层上花粘一层沥青卷材作隔离层，这一隔离层就可作为立墙的内模板，但在绑扎钢筋、浇筑主体结构混凝土时，应注意防止损坏卷材隔离层和涂膜防水层。

③当采用内防水法施工时，则应在最后一遍涂料涂刷时，采取边刷涂料，边撒中粗砂(最好是粗砂)，并将砂子与涂料粘牢或铺贴一层结合界面材料，如带孔的黄麻织布、玻纤网格布等，然后抹水泥砂浆或粘贴面砖饰面层。

3.复合防水涂料施工

复合防水涂料由有机液料和无机粉料复合而成的双组分防水涂料，具有有机材料弹性高且无机材料耐久性好的优点。

(1)基层要求与处理。

①基层必须坚固无松动，表面应平整、无明水、无渗漏，如有凹凸不平及裂缝等缺陷，应用水泥砂浆或聚合物水泥腻子找平嵌实；

遇有穿墙管、预埋件时，应将穿墙管、预埋件按规定安装牢固，收头圆滑；阴阳角应做成圆弧角。

②基层上泥土、灰尘、油污和砂粒疙瘩等应用钢丝刷、吹风机等消除干净。

(2)涂布操作要点。

①工艺流程：底涂料→下层涂料→中层涂料、铺无纺布→面层涂料→保护层。

②配料：底涂料的质量配合比为液料∶粉料∶水＝10∶7∶14；下层、中层和面层的质量配合比为液料∶粉料∶水＝10∶7∶(0～2)；面层涂料根据需要可加颜色以形成彩色层。彩色涂料质量配合比为液料∶粉料∶颜料∶水＝10∶7∶(0.5～1.0)∶(0～2)。颜料应先用中性氧化铁系无机颜料(如选用其他颜料需经试验确定)。在规定的用水范围内，斜面、顶面、立面施工应不加水或少加水，平面施工时宜多加些水。

在进行配料时，应先将水加入到液料中用电搅拌器搅拌均匀后，再边搅拌边徐徐加入粉料，充分搅拌均匀直至料中不含粉团，搅拌时间约 3 min。

③用滚子或刷子将涂料均匀地涂覆于基层上，按照先细部后大面、先立墙后平面的原则按顺序逐层涂覆，各层之间的时间间隔以上一层涂膜固化干燥不粘为准(在温度为 20℃的露天条件下，不上人施工约需 3 h，上人施工约需 5 h)，现场环境温度低、湿度大、通风差，固化干燥时间长，反之则短。

④需铺胎体增强材料时，应选用下层铺无纺布、中层三道工序连续施工的工法，即在涂刷下层涂料后，立即铺设无纺布，要求铺平铺直，然后在其上涂刷中层涂料，要求不得有气孔、针眼、鼓泡、皱褶、露白、堆积、翘边等缺陷，无纺布长短边搭接宽度应为 100 mm。

⑤涂覆过程中，涂料应经常搅拌，防水沉淀，涂刷要求多次滚刷，使涂料与基层之间不留气泡，黏结严实；每层涂覆必须按规定用量取料；底涂料为 0.3 kg/m^2，下层、中层和面层每层为

0.9 kg/m²。尽量厚薄均匀，不能过厚或过薄，若最后防水层厚度不够，可加涂一层或数层。

⑥防水层涂膜厚度应按设计要求或根据工程防水等级决定。

⑦搅拌好的涂料（当配比为液料：粉料：水＝10：7：2）在环境温度为 20 ℃条件下，必须在 3 h 内用完，现场环境温度低，可用时间长些，反之则短些，如涂料放置过久变得稠硬时，应废弃不得加水再用。

(3)保护层施工。

保护层或装饰型保护层应在防水层完工 2 d 后进行。如抹水泥砂浆保护层时，应在面层涂料涂刷后立即撒干净的中粗砂，并使其黏结牢固，养护 2 d 后抹 1：2.5 水泥砂浆。如贴面砖、地砖等装饰块材时，可将复合防水涂料：粉料＝10：(15～20)调成腻子状，即可用作胶粘剂。

4.氯丁橡胶沥青防水涂料施工

(1)溶剂型氯丁橡胶。

1)基层处理：基层须平整、坚实、清洁、干燥。基层不平处，应用高强度等级砂浆填平补齐，阴阳角处应做成圆弧角。涂布前应进行表面处理，用钢丝刷或其他机具清刷表面，除去浮灰杂物及不稳固的表层，并用扫帚清理干净。

2)先在按要求处理好的基层上用较稀的涂料用力涂刷一层底涂层。

3)待底涂层干燥后（约 1 日），即可边刷涂料边粘玻璃纤维布。玻璃纤维布铺贴后用排刷刷平，使玻璃纤维布被涂料充分浸透。当第一层玻璃纤维布涂层干燥后，可另刷一遍涂料，再铺贴第二层玻璃纤维布，在其上再刷涂料。玻璃纤维布相互搭接长度应不少于 100 mm，上下两层玻璃纤维布接缝应上下错开。粘贴玻璃纤维布后，应检查有无气泡和皱褶，如有气泡，则应将玻璃纤维布剪破排除气泡，并用涂料重新粘贴好。

4)施工注意事项。

①由于涂料是以甲苯或二甲苯作溶剂，易挥发，因此应密闭

贮存。

②施工现场要注意通风，避免工作人员因吸入过量溶剂挥发气体而中毒。

(2)水乳型氯丁橡胶。

1)基层处下：水泥砂浆找平层应坚实、平整，用 2 m 直尺检查，凹处不超过 5 mm，并平缓变化，每平方米内不多于一处。若不符合上述要求，应用 1∶3 水泥砂浆找平。基层裂缝要修补，裂缝小于 0.5 mm 的，先以稀释防水涂料做二次底涂，干后再用防水涂料反复涂几次。0.5 mm 以上的裂缝，应将裂缝加以适当剔宽，涂上稀释防水涂料，干后用防水涂料或嵌缝材料灌缝，在其表面粘贴 30～40 mm 宽的玻璃纤维网格布条，上涂防水涂料。

2)将稀释防水涂料均匀涂布于基层找平层上。涂刷时选择在无阳光的早晚进行，使涂料有充分的时间向基层毛细孔内渗透，增强涂层对底层的黏结力。干燥后再涂刷防水涂料 2～3 遍，涂刷涂料时应做到厚度适宜，涂布均匀，不得有流淌、堆积现象，以利于水分蒸发，避免起泡。

3)铺贴玻璃纤维网格布，施工时可采用干贴法或湿铺法。前者是在已干燥的底涂层上平铺玻璃纤维网格布，展平后加以点粘固定；后者是在已干燥的底涂层上，边涂防水涂料边铺贴玻璃纤维布。

4)施工注意事项。

①涂料使用前必须搅拌均匀。

②不得在气温 5 ℃以下施工；雨天、风沙天不得施工；夏季太阳暴晒下和后半夜潮露时不宜施工。

③施工中严禁踩踏未干防水层，不准穿带钉鞋操作。

5. 再生橡胶沥青防水涂料施工

(1)溶剂型再生橡胶。

1)基层要求平整、密实、干燥、含水率低于 9%，不得有起砂疏松、剥落和凹凸不平现象，各种坡度应符合排水要求。基层不平处，应用高强度等级砂浆填平补齐，阴阳角处应做成圆弧角。涂布前应进行表面清理，用钢丝刷或其他机具清刷表面，除去浮灰杂物及不稳固的表层，并用扫帚或吹尘机清理干净。

2)基层裂缝宽度在0.5 mm以下时，可先刷涂料一遍，然后用腻子(涂料：滑石粉或水泥＝100：(100～120)或(120～180))刮填。对于较大的裂缝，可先凿宽，再嵌填弹塑性较大的聚氯乙烯塑料油膏或橡胶沥青油膏等嵌缝材料。然后用涂料粘贴一条(宽约50 mm)玻璃纤维布或化纤无纺布增强。

3)处理基层后，用棕刷将较稀的涂料(用涂料加50%汽油稀释)用力薄涂一遍，使涂料尽量向基层微孔及发丝裂纹里渗透，以增加涂层与基层的黏结力。不得漏刷，不得有气泡，一般厚为0.2 mm。

4)按玻璃纤维布或化纤无纺布宽度和铺贴顺序在基层上弹线，以掌握涂刷宽度。中层涂层施工时，应尽量避免上人反复踩踏已贴部位，以防因粘脚而把布带起，影响与基层黏结。

5)施工注意事项。

①底层涂层施工未平时，不准上人踩踏。

②玻璃纤维布与基层必须粘牢，不得有皱褶、气泡、空鼓、脱层、翘边和封口不严现象。

③基层应坚实、平整、清洁，混合砂浆及石灰砂浆表面不宜施工。施工温度为－10～40℃，下雨、大风天气停止施工。

④本涂料以汽油为溶剂，在贮运及使用过程中均须充分注意防火。随用随倒随封，以防挥发。存放期不宜超过半年。

⑤涂料使用前须搅拌均匀，以免桶内上下浓稀不均。刷底层涂层及配有色面层涂料时，可适当添加少许汽油，降低黏度以利涂刷。

⑥配腻子及有色涂料所用粉料均应干燥，表面保护层材料应洁净、干燥。

⑦使用细砂作罩面层时，需用水洗并晒干后方能使用。

⑧工具用完后用汽油洗净，以便再用。

(2)水乳型再生橡胶。

1)基层要求有一定干燥程度,含水率10%以下。若经水洗,要待自然干燥,一般要求晴天间隔1 d,阴天酌情适当延长。若基层找平材料为现浇乳化沥青珍珠岩,其水湿率应低于5%。

2)对基层裂缝要预先修补处理。宽度在0.5 mm以下的裂缝,先涂刷涂料一遍,然后以自配填缝料(涂料混合适量滑石粉)刮填,干燥后于其上用涂料粘贴宽约50 mm的玻璃纤维布或化纤无纺布;大于0.5 mm的裂缝则需凿宽,嵌填塑料油膏或其他适用的嵌缝材料,然后粘贴玻璃纤维布或化纤无纺布增强。

3)在按规定要求进行处理基层后,均匀用力涂刷涂料一遍,以改善防水层与基层的黏结力。干燥固化后,再在其上涂刷涂料1~2遍。

4)将防水涂料用小桶适当地倒在已干燥的底涂层上,随即用长柄大毛刷推刷,一般刷涂厚度为0.3~0.5 mm。涂刷要均匀,不可过厚,也不得漏刷。然后将预先用圆轴卷好的玻璃纤维布(或化纤无纺布)的一端贴牢,两手紧握布卷的轴端,用力向前滚压玻璃纤维布,随刷涂料随粘贴,并用长柄刷赶走布下的气泡,将布压贴密实。贴好的玻璃纤维布不得有皱纹、翘边、白茬、鼓泡等现象。然后依次逐条铺贴,切不可铺一条空一条。铺贴时操作人员应退步进行。涂膜未干前不得上人踩踏。若须加铺玻璃纤维布,可依第一层玻璃纤维布铺贴方法施工。布的长、短边搭接宽度均应大于100 mm。

5)施工注意事项。

①施工基层应坚实,宜待混凝土或水泥砂浆干缩至体积较稳定后再进行涂料施工,以确保施工质量。

②涂料开桶前应在地上适当滚动,开桶后再用木棒搅拌,以使稠度均匀,然后倒入小桶内使用。

③如需调节涂料浓度,可加入少量工业软水或冷开水,切忌往涂料里加入常见的硬水,否则将会造成涂料破乳而报废。

④施工环境气温宜为10 ℃~30 ℃,并以选择晴朗天气为佳,雨天应暂停施工。

⑤涂料每遍涂刷量不宜超过 0.5 mg/m²，以免一次堆积过厚而产生局部干缩龟裂。

⑥若涂料玷污身体、衣物，短期内可用肥皂洗净；时间过长涂料干燥固化，无法水洗时，可用松节油或汽油擦洗，然后用肥皂水清洗。施工工具上粘附的涂料应在收工后立即擦净，以便下次使用。切勿用一般水清洗，否则涂料将速变凝胶，使毛刷等工具不能再用。

⑦防水层完工后，如发现有皱褶，应将皱褶部分用刀划开，用防水涂料粘贴牢固，干燥后在上面再粘一条玻璃纤维布增强；若有脱空起泡现象，则应将其割开放气，再用涂料粘玻璃纤维布补强；倒坡和低洼处应揭开该处防水层修补基层，再按规定做法恢复防水层。

⑧水乳型再生胶沥青防水涂料无毒、不燃、贮运安全。但贮运环境温度应大于 0 ℃。注意密封，贮存期一般为 6 个月。

6. 水泥基渗透结晶型防水涂料

这种结晶体不溶于水，能充塞混凝土的微孔及毛细管道。由于它的活性物质和水有良好的亲和性，在施工后很长一段时间里，沿着需要维修的混凝土基层中的细小裂缝和毛细管道中的渗漏水源向内层发展延伸，伸入混凝土内部再产生结晶，和混凝土合成一个整体，起到密实混凝土，提高其强度及防腐、抗渗能力。

这种防水材料，也是堵漏材料，在无水条件下，材料的活性成分会保持静止状态，一旦遇水就起化学反应，封闭过程往往重复发生，混凝土的裂缝会修复。因属无机材料，可做永久性防水材料。

(1)气候及混凝土基面条件。

①该涂料不能在雨中或环境温度低于 4 ℃时施工。

②由于该涂料在混凝土中结晶形成过程的前提条件需要湿润，所以无论是新浇筑的，还是旧有的混凝土，都要用水浸透，以便加强表面的虹吸作用，但不能有明水。

③新浇筑的混凝土表面在浇筑 20 h 以后方可使用该涂料。

④混凝土浇筑后的 24～72 h 为使用该涂料的最佳时段，因为新浇筑的混凝土仍然潮湿，所以基面仅需少量的预喷水。

⑤混凝土基面应当粗糙、干净，以提供充分开放的毛细管系统以利于渗透。所以对于使用钢模或表面有反碱、尘土、各种涂料、薄膜、油漆及油污或者其他外来物都必须进行处理，要用凿击、喷砂、酸洗（盐酸）、钢丝刷刷洗、高压水冲等（如使用盐酸腐蚀法，必须先用水打湿，酸处理后表面应用水彻底冲净）。对结表面如有缺陷、裂缝、蜂窝、麻面均应修凿、清理。

(2)浓缩剂灰浆调制。

①将该涂料与干净的水调和（水内要求无盐、无有害成分）。混合时可用手电钻装上有叶片的搅拌棒或戴上胶皮手套用手及抹子来搅和。

②混料时要掌握好料、水的比例，一次不宜调多，要在 20 min 内用完，混合物变稠时要频繁搅动，中间不能加水。

刷涂时，按体积用 5 份料、2 份水调和，一般刷一层是 0.65～0.8 kg/m^2。

喷涂时，按体积用 5 份料、3 份水调和，一般喷一层是0.8～1 kg/m^2。

防水等级要求高的工程则需要涂两层，最好是一层浓缩剂、一层增效剂。增效剂的调制同浓缩剂（若外层贴瓷砖或抹砂浆时，可不用增效剂）。

(3)施工

①该涂料刷、喷涂时需要半硬的尼龙刷或专用喷枪，不宜用抹子、滚筒、油漆刷或油漆喷枪。涂层要求均匀，各处都要涂到，一层的厚度应小于 1.2 mm，太厚养护困难。涂刷时应注意用力，来回纵横地刷，以保证凹凸处都能涂上并达到均匀。喷涂时喷嘴距涂层要近些，以保证灰浆能喷进表面微孔或微裂纹中。

②当需涂第二层（该涂料为浓缩剂或增效剂）时，一定要等第一层初凝后仍呈潮湿状态时（即 48 h 内）进行，如太干则应先喷洒些水。

③在热天露天施工时，建议在早、晚或夜间进行，防止涂层过快干燥，造成表面起皮影响渗透。

④对水平地面或台阶阴阳角必须注意涂匀，阳角要刷到，阴角

及凹陷处不能有过厚的沉积，否则在堆积处可能开裂。

⑤对于水泥类材料的后涂层，在涂层初凝后(8～48 h)即可使用。对于油漆、环氧树脂和其他有机涂料，在涂层上的施工需要21 d的养护和结晶过程才能进行，建议施工前先用3%～5%的盐酸溶液清洗涂层表面，之后应将所有酸液从表面上洗去。

(4)养护。

①在养护过程中必须用净水，必须在初凝后使用喷雾式，一定要避免涂层被破坏。一般每天需喷水3次，连续2～3 d，在热天或干燥天气要多喷几次，防止涂层过早干燥。

②在养护过程中，必须在施工后48 h内防避雨淋、霜冻、烈日、曝晒、污水及2 ℃以下的低温。在空气流通很差的情况下，需用风扇或鼓风机帮助养护(如封闭的水池或湿井)。露天施工用湿草袋覆盖较好，如果使用塑料膜作为保护层必须注意架开，以保证涂层的“呼吸”及通风。

③对盛装液体的混凝土结构(如游泳场、水库、蓄水槽等)必须在3 d的养护之后，再施置12 d才能灌进液体。对盛装特别热或腐蚀性液体的混凝土结构，需放18 d才能灌盛。

④为适应特定使用条件时，可用伽玛养护液代替水养护。

(5)回填土。

在该涂料施工36 h后可回填湿土，7 d内均不可回填干土，以防止其向涂层吸水。

第三节　水泥砂浆防水层

【技能要点1】普通防水砂浆防水层施工

1. 施工顺序

(1)防水层施工一般顺序：由上至下、由里向外，先顶板、再墙面、后地面分层铺抹和喷刷，每层宜连续施工。

(2)工艺流程。

基层清理 → 冲洗湿润 → 刷素水泥浆 → 抹底层砂浆 → 刷素水泥浆

→ 抹面层砂浆 → 刷水泥浆并压光 → 提浆 → 养护

2. 防水砂浆的配制与拌和

(1)普通防水砂浆按表 2—1 进行配制。

表 2—1　普通水泥砂浆防水层的配合比

名称	配合比(质量比)		水灰比	适用范围
	水泥	砂		
水泥浆	1	—	0.55～0.60	水泥砂浆防水层的第一层
水泥浆	1	—	0.37～0.4 0.55～0.6	水泥砂浆防水层的第三层 水泥砂浆防水层的第五层
水泥砂浆	1	1.5～2.0	0.4～0.5	水泥砂浆防水层的第二、四层

(2)防水砂浆的拌和。

1)素水泥浆可用人工拌和,将水泥放入桶中,然后按设计水灰比加水拌和均匀;水泥砂浆应用机械搅拌,先将水泥和砂倒入搅拌机,干拌均匀,再加水搅拌 1～2 min。

2)拌和的灰浆不宜存放过久,防止离析和产生初凝,以保证灰浆的和易性和质量。当采用普通硅酸盐水泥拌制灰浆时,气温为 5 ℃～20 ℃时,存放时间应小于 60 min,气温为 20 ℃～35 ℃时,存放时间应小于 45 min;当采用矿碴硅酸盐水泥或火山灰质硅酸盐水泥拌制灰浆时,气温为 5 ℃～20 ℃时,存放时间应小于 90 min,气温为 20 ℃～35 ℃时,存放时间应小于 50 min。

防水砂浆简介

防水砂浆是通过严格的操作技术或掺入适量的防水剂、高分子聚合物等材料,提高砂浆的密实性,以达到抗渗防水目的的一种刚性防水材料。

防水砂浆的配制及要求：水泥要求采用强度等级不小于32.5级的普通硅酸盐水泥、膨胀水泥或矿渣硅酸盐水泥；砂宜采用中砂；水则应采用不含有害物质的洁净水。防水层加筋，当采用有膨胀性自应力水泥时，应增加金属网。

砂浆防水通常称为防水抹面。根据防水砂浆施工方法的不同可分为两种：一种是利用高压喷枪机械施工的防水砂浆，这种砂浆具有较高的密实性，能够增强防水效果；另一种是大量应用人工抹压的防水砂浆，这种砂浆主要依靠特定的某种外加剂，如防水剂、膨胀剂、聚合物等，以提高水泥砂浆的密实性或改善砂浆的抗裂性，从而达到防水抗渗的目的。

采用防水砂浆时，其基层要求须为混凝土或砖石砌体墙面；混凝土强度不小于C10；砖石结构的砌筑砂浆不小于M5；基层应保持湿润、清洁、平整、坚实、粗糙。其变形缝的设置，当年平均温差不大于15 ℃时，一般建筑物的纵向变形缝间距应小于30 m。

水泥砂浆防水与卷材、金属、混凝土等几种其他防水材料相比较，虽具有一定防水功能和施工操作简便、造价便宜、容易修补等优点，但由于其韧性差、较脆、极限拉伸强度较低，易随基层开裂而开裂，故难以满足防水工程越来越高的要求。为了克服这些缺点，近年来，利用高分子聚合物材料制成聚合物改性砂浆来提高材料的拉伸强度和韧性，则是一个重要的途径。

水泥砂浆防水层按其材料成分的不同，分为刚性多层普通水泥砂浆防水、聚合物水泥砂浆防水和掺外加剂水泥砂浆防水三大类，其做法及特点见表2—2。

水泥砂浆防水仅适用于结构刚度大、建筑物变形小、基础埋深小、抗渗要求不高的工程，不适用于有剧烈振动、处于侵蚀性介质及环境温度高于100 ℃的工程。

表 2—2 水泥砂浆防水层常用做法及特点

分类	常用做法或名称	特 点
刚性多层普通水泥砂浆防水	五层或四层抹面做法	价廉、施工简单、工期短，抗裂、抗震性较差
聚合物水泥砂浆防水	氯丁胶乳水泥砂浆	施工方便、抗拆、抗压、抗振、抗冲击性能较好，收缩性大
掺外加剂水泥砂浆防水	明矾石膨胀剂水泥砂浆	抗裂、抗渗性好、后期强度稳定
	氯化铁水泥砂浆	抗渗性能好，有增强、早强作用，抗油浸性能好

3. 混凝土墙(顶板)抹防水砂浆层

(1)操作工艺要求。

第一层:水泥浆层。水灰比为0.55～0.6，厚度为2 mm，分两次抹成。

混凝土基层处理完毕并保潮后，用铁抹子刮抹一层1 mm原水泥浆，往返用力刮抹5～6遍，使水泥颗粒充分分散，以填实基体的孔隙，提高黏结力。第二次再抹1 mm，其厚度要均匀并应找平。水泥浆抹完后，应在初凝前再用排笔蘸水依次均匀地水平涂刷一遍，但要注意不可蘸水太多，以免将素灰冲掉。

第二层:水泥砂浆层。水灰比为0.4～0.5，厚度为4～5 mm。此层应在第一层水泥浆初凝期间涂抹，抹压要轻，不要破坏水泥浆层，但要压入该层厚度的1/4内。在水泥砂浆初凝前，再用扫帚顺序地按同一个方向在砂浆表面扫出横向条纹，此时切忌蘸水扫和不按同一个方向地往返扫。

第三层:水泥浆层。水灰比为0.37～0.4，厚度为2 mm。此层应在第二层(水泥砂浆层)终凝后涂抹。涂抹前要喷水湿润第二层砂浆表面，然后按第一层(水泥浆层)的做法涂抹，但涂抹方向应改为垂直，上下往返刮抹4～5遍。

第四层：水泥砂浆层。水灰比为0.4～0.5，厚度为4～5 mm。此层应在第三层素灰凝结前按第二层做法涂抹，并在水泥砂浆初凝前分次用铁抹子抹压5～6遍，最后用铁抹子压光。

第五层：水泥浆层。水灰比为0.55～0.6。此层是在第四层水泥砂浆层抹压两遍后，用毛刷均匀地涂刷于第四层水泥砂浆层上并同第四层水泥砂浆层一起压光。

(2)操作注意事项。

1)刚性多层做法防水层各层抹灰的间隔时间应根据所用的水泥品种及其凝结时间而定，应严格按计划施工。

2)水泥浆抹面要薄而均匀，不宜太厚。桶中的灰浆要经常搅拌，以免产生分层离析和初凝。各层抹面严禁撒干水泥。

3)为使水泥砂浆与水泥浆紧密结合，水泥砂浆在揉浆时首先薄抹一层水泥砂浆，然后用铁抹子用力揉压，使水泥砂浆压入水泥浆层(但注意不能压透该层)。揉压不够，会影响两层的黏结，水泥砂浆层严禁喷水涂抹。

4)水泥砂浆初凝前，即用手指按上去，砂浆不粘手，有少许水印时，可进行收压工作。收压是用铁抹子平光压实，一般做两遍。第一遍收压表面要粗毛，第二遍收压表面要细毛，使砂浆密实，强度高，不易起砂。

5)水泥砂浆防水层各层应紧密贴合，每层宜连续施工；如必须留槎时，采用阶梯坡形槎，但离阴阳角处不得小于200 mm；接槎应各层依次顺序操作，层层搭接紧密。

4. 砖墙面抹水泥砂浆防水层

砖墙面水泥砂浆防水层的做法，除第一层外，其他各层操作方法与混凝土墙面操作相同。抹灰前一天用水管把砖墙浇透，第二天抹灰时再把砖墙洒水湿润，然后在墙面上涂刷水泥浆一遍，厚度约为1 mm，涂刷时沿水平方向往返涂刷5～6遍，涂刷要均匀，灰缝处不得遗漏。涂刷后，趁水泥浆呈糨糊状时即抹第二层防水砂浆。

5. 地面抹水泥砂浆防水层

地面的水泥砂浆防水层施工与混凝土墙面的不同，主要是水泥浆层(一、三层)不是采用刮抹的方法，而是将搅拌好的水泥浆倒在地面上，用刷子往返用力涂刷均匀。

第二层和第四层是在水泥浆初凝前，将拌好的水泥砂浆均匀铺在水泥浆层上，按墙面操作要求抹压，各层厚度也与墙面防水层相同。施工时应由里向外，尽量避免施工时踩踏防水层。

在防水层表面需做地砖或其他面层材料时，可在第四层压光3～4遍后，用毛刷将表面扫毛，凝固且达到上人强度后再进行装饰面层施工。

6. 水泥砂浆防水层的养护

水泥砂浆防水层终凝后，应及时覆盖进行浇水养护。养护时先用喷壶慢慢喷水，养护一段时间后再用水管浇水。

养护温度不宜低于5 ℃，养护时间不得小于14 d，夏天应增加浇水次数，但避免在中午最热时浇水养护，对于易风干部分，浇水间隔时间要缩短，以保持表面为湿润状态为准。

7. 细部构造及处理

(1)防水层的设置高度应高出地墙(面)15 cm以上。

(2)穿透防水层的预埋螺栓等，可沿螺栓四周剔成深3 cm、宽2 cm的凹槽(凹槽尺寸视预埋件大小调整)。在防水层施工前，将预埋件铁锈、油污清除干净，用水灰比为0.2左右的素灰将凹槽嵌实，随即刷水泥浆一道。

(3)露出防水层的管道等，应根据管件的大小在其周围剔出适当尺寸的沟槽，将铁锈除尽，冲洗干净后用水灰比为0.2的干素灰将沟槽捻实，随即抹素灰一层、砂浆一层并扫成毛面。

【技能要点2】掺外加剂水泥砂浆防水层施工

1. 施工顺序

防水层施工一般顺序：由上至下、由里向外、先顶板再墙面、后地面分层铺抹和喷刷，每层宜连续施工。

2. 防水砂浆的配制

(1)防水砂浆的配制应通过试配确定配合比,试配时要依据以下因素。

1)所选外加剂的品种、适用范围、性能指标、成分、掺量等,应通过试验确定。

2)所选水泥的品种、强度等级、初终凝时间。

3)根据工程实际情况和要求选择水泥、外加剂进行试配。

(2)砂浆的拌制应采用机械搅拌,按照选定的配合比准确称量各种原材料,投料顺序要参照外加剂使用说明书,搅拌时间适当延长。

3. 操作要求

(1)施工温度不低于5 ℃,不高于35 ℃。不得在雨天、烈日暴晒下施工。阴阳角应做成圆弧形。圆弧半径阳角为100 mm,阴角为50 mm。

(2)严格掌握好各工序间的衔接,须在上一层没有干燥或终凝时,及时抹下层,以免粘不牢影响防水质量。

(3)抹灰前把基层表面的油垢、灰尘和杂物清理干净,对光滑的基层表面进行凿毛处理,麻面率不小于75%,然后用水湿润基层。

(4)在已凿毛和干净湿润的基面上,均匀刷一道水泥防水剂素浆作结合层,以提高防水砂浆与基层的黏结力,厚度约2 mm。

(5)在结合层未干之前,必须及时抹第一层防水砂浆作找平层,抹平压实后,用木抹搓出麻面。

(6)在找平层初凝后,及时抹第二层防水砂浆,用铁抹子反复压实。

(7)在第二层防水砂浆终凝以后,抹面层砂浆(或其他饰面)可分两次抹压,抹压前,先在底层砂浆上刷一道防水净浆,随涂刷随抹面层砂浆,最后压实压光。

(8)水泥砂浆防水层终凝后,应及时进行养护,养护温度不宜低于5 ℃,养护时间不得小于14 d,养护期间应保持湿润。

【技能要点3】聚合物水泥砂浆防水层施工

1. 施工顺序

防水层施工一般顺序：由上至下、由里向外、先顶板、再墙面、后地面分层铺抹和喷刷，每层宜连续施工。

2. 防水砂浆的配制

(1)聚合物水泥砂浆参考配合比如下。

水泥：砂：聚合物乳液：水＝1：(1～2)：(0.25～0.50)：适量

施工时应视工程特点在施工现场经试拌确定。

(2)聚合物水泥砂浆应采用人工或立式搅拌机拌和，拌和器具应清理干净。拌制时，水泥与砂先干拌均匀，然后倒入乳液和水拌和3～5 min，配制好的聚合物水泥砂浆应在20～45 min(视气候而定)内用完。

3. 施工要求

(1)聚合物水泥砂浆施工温度以5～35 ℃为宜，室外施工不得在雨天、雪天和五级风及以上时施工。施工前，应清除基层的疏松层、油污、灰尘等杂物，并用钢丝刷将基层划毛。

(2)涂抹聚合物水泥砂浆前，应先将基层用水冲洗干净，充分湿润，不积水。按产品说明书的要求配制底涂材料打底，涂刷时力求薄而均匀。

(3)聚合物水泥砂浆应在底涂材料涂刷15 min后开始铺抹。

(4)聚合物水泥砂浆铺抹应按下列要求进行：

1)涂层厚度大于10 mm时，立面和顶面应分层施工，第二层应待第一层指触干燥后进行，各层紧密贴合。

2)每层宜连续施工，如必须留槎时，应采用阶梯形槎，接槎部位离阴阳角不得小于200 mm，接槎应依层次顺序操作，层层搭接紧密。

3)铺抹可采用抹压或喷涂施工。喷涂施工时，喷枪的喷嘴应垂直于基面，合理调整压力和喷嘴与基面距离的关系。

4)铺抹时应压实、抹平；如遇气泡要挑破压紧，保证铺抹密实；

最后一层表面应提浆压光。

(5)聚合物水泥砂浆防水层应在终凝后进行保湿养护,时间不少于 7 d。在防水层未达到硬化状态时,不得浇水养护或直接受雨水冲刷,硬化后可采用干湿交替的养护方法。在潮湿环境中,可在自然条件下养护。

(6)过水构筑物应待聚合物水泥砂浆防水层施工完成 28 d 后方可投入运行。

第三章　细部构造防水施工技术

第一节　屋面细部构造防水

【技能要点 1】檐口

檐口是受雨水冲刷最严重的部位，防水层在该处应牢固固定，施工时应在檐口上预留凹槽，将防水层的末端压入凹槽内，卷材还应用压条钉压，然后用密封材料封口，以免被大风掀起。同时要注意该处不能高出屋面，否则会挡水而使屋面积水。

无组织排水檐口 800 mm 范围内，卷材应采取满粘法施工，以保证卷材与基层粘贴牢固。卷材收头应压入预先留置在基层上的凹槽内，用水泥钉钉牢，密封材料密封，水泥砂浆抹压，以防收头翘边，如图 3—1 所示。

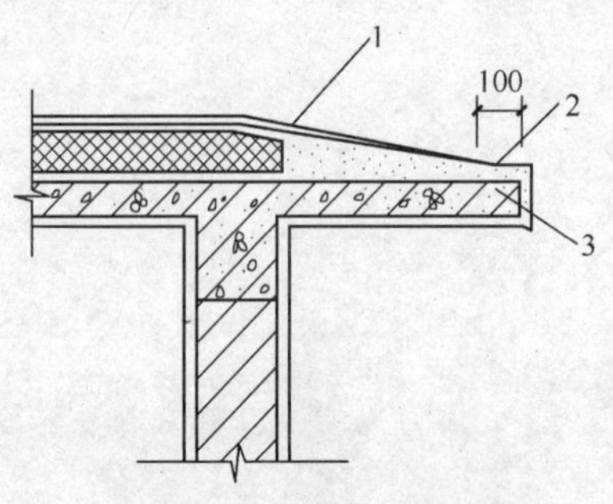

图 3—1　无组织排水檐口

1—防水层；2—密封材料；3—水泥钉

【技能要点 2】天沟、檐沟

天沟、檐沟是屋面雨水集汇之处，若处理不好，就有可能导致屋面积水、漏水。

(1)天沟、檐沟应增设附加层。当采用沥青防水卷材时，应增铺一层卷材；当采用高聚物改性沥青防水卷材或合成高分子防水卷材时，宜采用防水涂膜增强层。

(2)天沟、檐沟与屋面交接处的附加层宜空铺，空铺宽度应为200 mm，如图3—2所示；天沟、檐沟卷材收头，应固定密封，如图3—3所示。

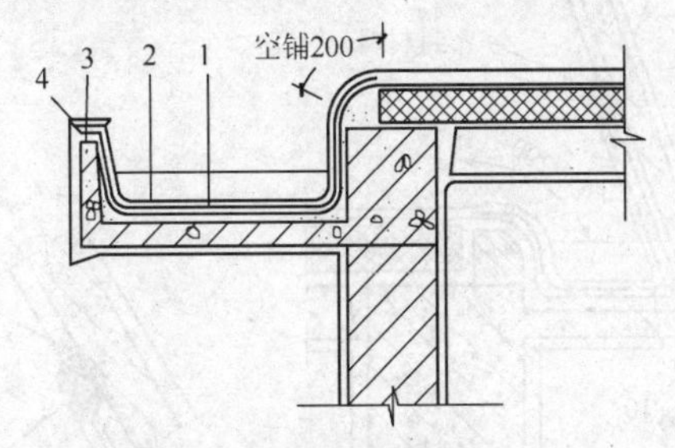

图3—2　檐沟(单位:mm)

1—附加层；2—防水层；3—水泥钉；4—密封材料

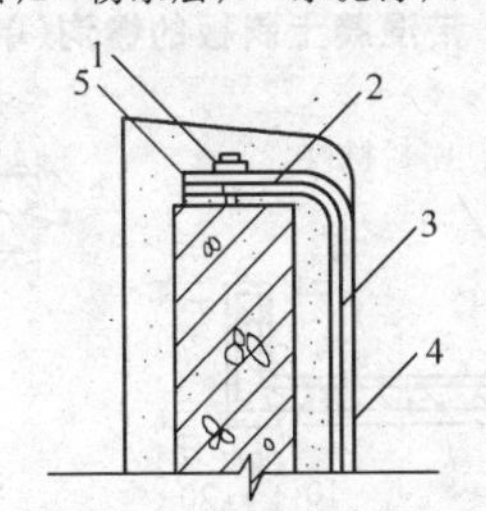

图3—3　檐沟卷材收头

1—钢压条；2—水泥钉；3—防水层；4—附加层；5—密封材料

(3)高低层内排水天沟与立墙交接处，应采取能适应变形的密封处理，如图3—4所示。

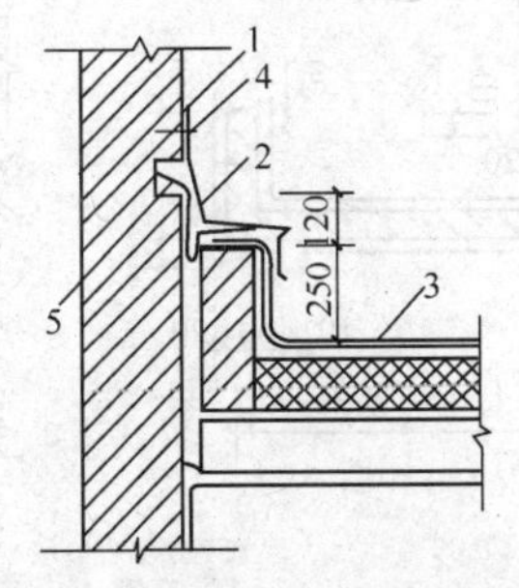

图3—4　高低跨变形缝(单位:mm)

1—密封材料；2—金属或高分子盖板；3—防水层；4—金属压条钉子固定；5—水泥钉

(4)带混凝土斜板的檐沟如图 3—5 所示。

(5)细石混凝土防水层檐沟如图 3—6、图 3—7 所示。

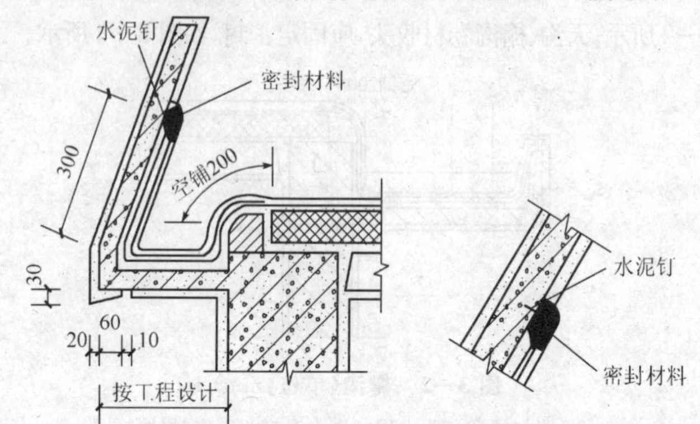

图 3—5　带混凝土斜板的檐沟(单位:mm)

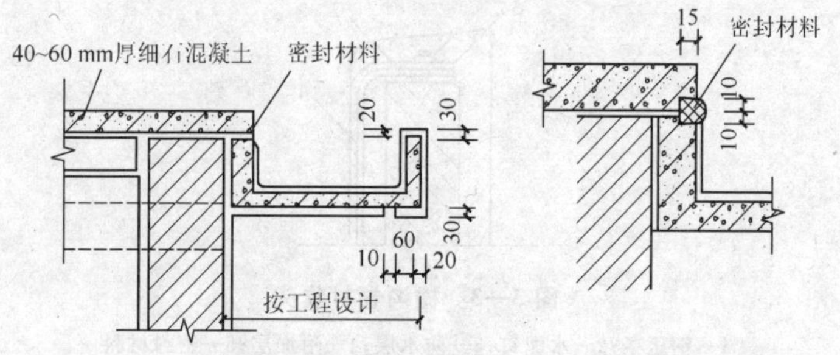

图 3—6　细石混凝土防水层檐沟(一)(单位:mm)

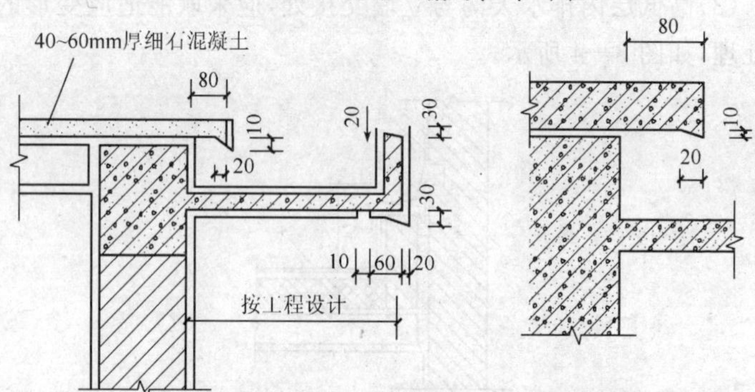

图 3—7　细石混凝土防水层檐沟(二)(单位:mm)

【技能要点3】女儿墙

当墙体为砖墙时，卷材收头可直接铺压在女儿墙的混凝土压顶下，混凝土压顶的上部亦应做好防水处理，如图3—8所示；也可在砖墙上留凹槽，卷材收头应压入凹槽内并用压条钉压固定后，嵌填密封材料封闭；凹槽距屋面找平层的最低高度不应小于250 mm，凹槽上部的墙体及女儿墙顶部亦应进行防水处理，如图3—9所示。

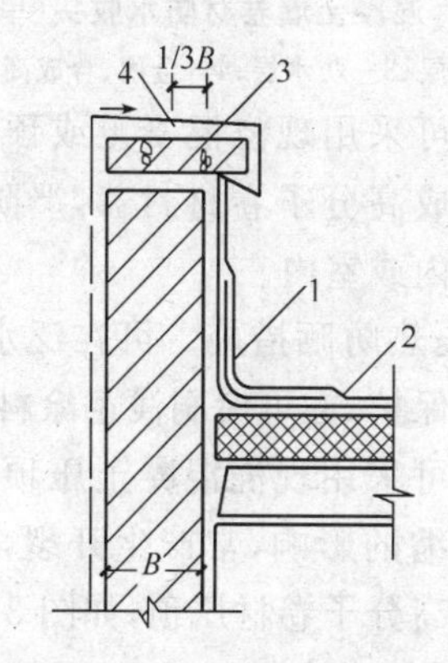

图3—8　卷材防水收头

1—附加层；2—防水层；3—压顶；4—防水处理

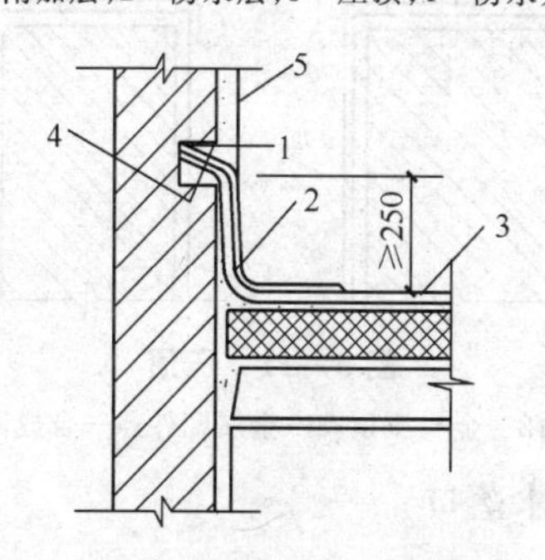

图3—9　砖墙卷材防水收头(单位：mm)

1—密封材料；2—附加层；3—防水层；4—水泥钉；5—防水处理

(1)当墙体为混凝土时，卷材收头可采用金属压条钉压固定，并用密封材料封闭严密，如图3—10所示。

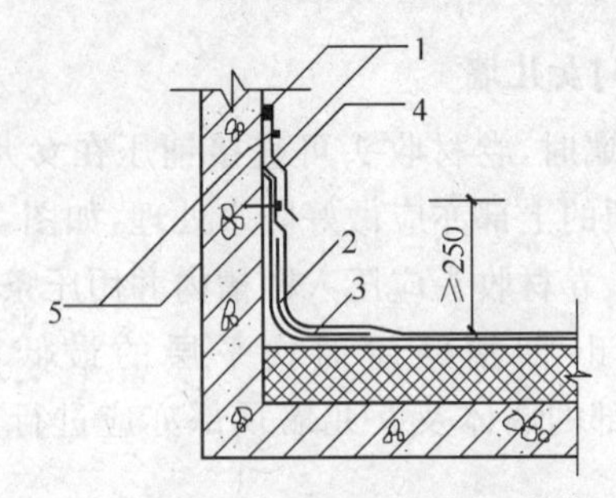

图 3—10　混凝土墙卷材防水收头(单位:mm)

1—密封材料;2—附加层;3—防水层;4—金属、合成高分子盖板;5—水泥钉

(2)女儿墙、山墙可采用现浇混凝土或预制混凝土压顶,也可加扣金属盖板或用合成高分子卷材封盖,严防雨水从女儿墙或山墙的顶部渗透到墙体内或室内。

(3)泛水宜采取隔热防晒措施。可在泛水卷材面砌砖后抹水泥砂浆或细石混凝土保护;亦可涂刷浅色涂料或粘贴铝箔保护层。

(4)女儿墙、山墙可采用现浇混凝土压顶或预制混凝土压顶,由于温差的作用和干缩的影响,常产生开裂,引起渗漏。因此,可采用金属制品或合成高分子卷材压顶,如图 3—11 所示。

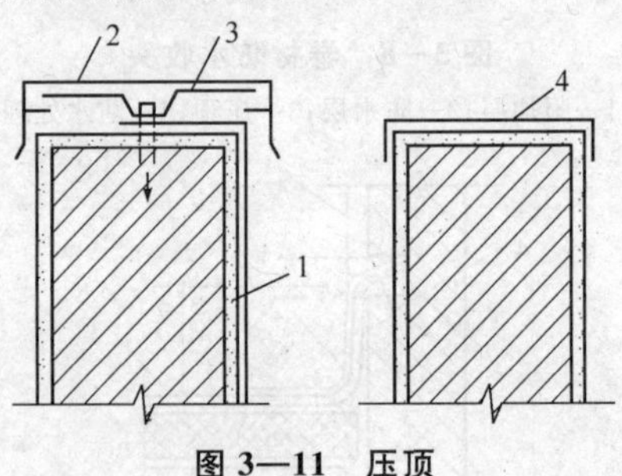

图 3—11　压顶

1—防水层;2—金属压顶;3—金属配件;4—合成高分子卷材

【技能要点 4】水落口

(1)水落口应采用铸铁、塑料或玻璃钢制品。

(2)水落口应有正确的埋设标高,应考虑水落口设防时增加的附加层和柔性密封层的厚度,及排水坡度加大的尺寸。

(3)水落口周围 500 mm 范围内坡度不应小于 5%,并应首先用防水涂料或密封材料涂封，其厚度视材性而定，通常为2～5 mm。水落口与基层接触应留宽20 mm、深20 mm的凹槽，以便嵌填密封材料，如图3—12和图3—13所示。

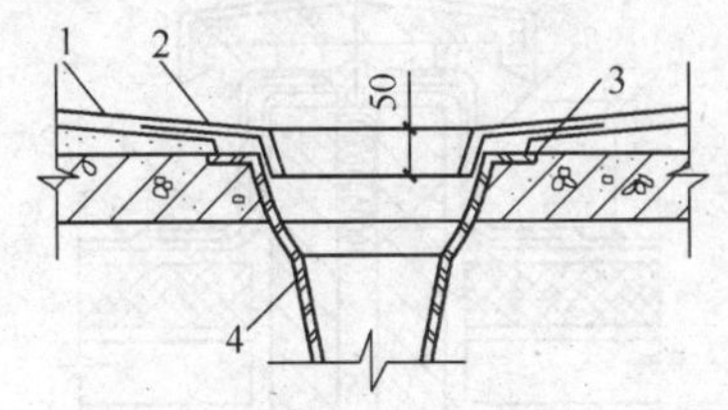

图3—12　直式水落口(单位：mm)

1—防水层；2—附加层；3—密封材料；4—水落口

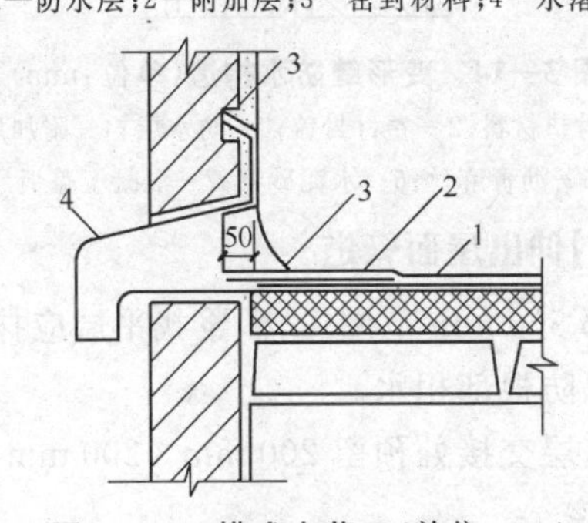

图3—13　横式水落口(单位：mm)

1—防水层；2—附加层；3—密封材料；4—水落口

【技能要点5】变形缝

(1)等高变形缝的处理。缝内宜填充聚苯乙烯泡沫块或沥青麻丝，卷材防水层应满粘铺至墙顶，然后上部用卷材覆盖，覆盖的卷材与防水层粘牢，中间应尽量向缝中下垂，并在其上放置聚苯乙烯泡沫棒，再在其上覆盖一层卷材，两端下垂而与防水层粘牢，中间尽量松驰以适应变形，最后顶部应加扣混凝土盖板或金属盖板，如图3—14所示。

(2)高低跨变形缝的处理。低跨的防水卷材应先铺至低跨墙顶，然后在其上加铺一层卷材封盖，其一端与铺至墙顶的防水卷材粘牢，另一端用压条钉压在高跨墙体凹槽内，密封材料封固，中间应尽量下垂在缝中，再在其上钉压金属或合成高分子盖板，端头由密封材料密封。

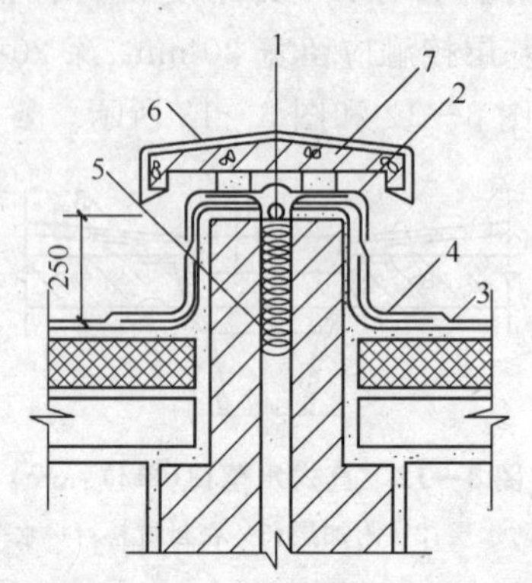

图 3—14　变形缝防水构造(单位:mm)

1—衬垫材料;2—卷材封盖;3—防水层;4—附加层;

5—沥青麻丝;6—水泥砂浆;7—混凝土盖板

【技能要点 6】伸出屋面管道

(1)管道根部 500 mm 范围内,砂浆找平层应抹出高 30 mm 坡向周围的圆台,以防根部积水。

(2)管道与基层交接处预留 200 mm×200 mm 的凹槽,槽内用密封材料嵌填严密。

(3)管道四周除锈,管道根部四周做附加增强层,宽度不小于 300 mm。

(4)防水层贴在管道上的高度不得小于 300 mm;附加层卷材应剪出切口,上下层切缝粘贴时错开,严密压盖。附加层卷材剪裁方法如图 3—15 所示。

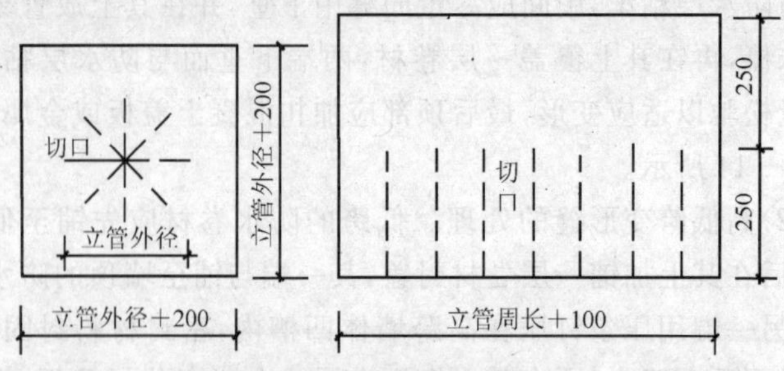

图 3—15　出屋面管道附加层卷材剪裁方法(单位:mm)

(5)附加层及卷材防水层收头处用金属箍箍紧在管道上,并用密封材料封严。

【技能要点 7】分格缝

分格缝有厂房屋面的板端缝,找平层分格缝,细石混凝土刚性防水层的分格(分仓)缝。厂房屋面的板端缝可采用附加卷材条作为附加增强层,卷材条要空铺,过去空铺为 200 mm,现增为 300 mm,而且应在可能时将卷材压入缝中,预留变形量。找平层的分格缝,可将找平层分格缝完全分开,也可以作成表面分格缝(诱导缝),使找平层变形集中于此。卷材在此铺贴时亦应做空铺处理,空铺宽度可以少一些。细石混凝土刚性防水层分格(分仓)缝则应将混凝土彻底分开,缝宽一般为 15～20 mm,底背嵌背衬材料,上部嵌填密封材料,做法可参照细石混凝土防水层分格缝。分格缝的关键:一是位置准确,分格缝要对准结构板搁置端,间距应根据设计确定,可设在板的搁置端,也可按 1～2 m 尺寸分格;二是分格处卷材条要做成空铺、不黏结;三是分格缝需用密封材料嵌填严密,因此必须要求缝侧混凝土平整坚固、干净、干燥,无孔眼、麻面,下部垫好背衬材料,密封材料必须按设计要求嵌填密实、连续、平整。

【技能要点 8】排气结构

排气道与排气孔是当采用吸水率高的保温材料,施工过程中又可能遇雨水或施工用水,需要使保温层中的水分蒸发产生的蒸气排出而设置的。排气不通,会使防水层起鼓,保温层长期大量含水,降低保温性能,增强屋盖质量。实际上,如保温层大量含水,即使排气畅通,排除保温层中的水分也需要好多年。如今低吸水率的保温材料已经问世,在施工时或施工后不能保证保温层不吸湿的情况下,可以采用吸水率小于 6% 的保温材料,如聚苯乙烯泡沫板、泡沫玻璃等材料,不必采用吸水率高的保温材料,这样就省去做排气道、排气孔了。排气道在保温层内应纵横连通并留空,不得堵塞,交叉处立的排气立管,必须在施工找平层时牢固固定,然后在找平层与排气管交接处用密封材料密封。

第二节　地下细部构造防水

【技能要点1】变形缝

1.施工要求

(1)变形缝应满足密封防水、适应变形、施工方便、检修容易等要求。

(2)用于伸缩的变形缝宜不设或少设,可根据不同的工程结构类别及工程地质情况采用诱导缝、加强带、后浇带等替代措施。

(3)变形缝处混凝土结构的厚度不应小于300 mm。

(4)用于沉降的变形缝其最大允许沉降差值不应大于30 mm。当沉降差值大于30 mm时,应在设计时采取措施。

(5)用于沉降的变形缝的宽度宜为20～30 mm,用于伸缩的变形缝的宽度宜小于此值。

(6)对环境温度高于50 ℃处的变形缝,可采用2 mm厚的紫铜片或3 mm厚的不锈钢等金属止水带,其中间呈圆弧形。

(7)止水带宽度和材质的物理性能均应符合设计要求,且无裂缝和气泡;接头应采用热接,不得叠接,接缝平整、牢固,不得有裂口和脱胶现象。

(8)中埋式止水带中心线应和变形缝中心线重合,止水带不得穿孔或用铁钉固定。

(9)变形缝设置中埋式止水带时,混凝土浇筑前应校正止水带位置,表面清理干净,止水带损坏处应修补;顶、底板止水带的下侧混凝土应振捣密实,边墙止水带内外侧混凝土应均匀,保持止水带位置正确、平直,无卷曲现象。

(10)变形缝处增设的卷材或涂料防水层,应按设计要求施工。

2.施工工艺

(1)工艺流程。

1)底板变形缝。

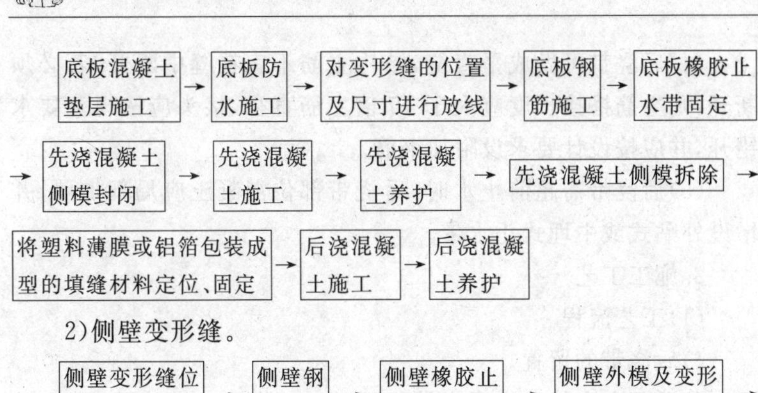

2)侧壁变形缝。

侧壁变形缝位置尺寸放线 → 侧壁钢筋施工 → 侧壁橡胶止水带固定 → 侧壁外模及变形缝处侧模封闭 → 侧壁先浇混凝土施工 → 先浇混凝土养护 → 将塑料薄膜或铝箔包装成型的填缝材料定位 → 后浇混凝土侧模封闭 → 后浇混凝土施工 → 后浇混凝土养护

(2)施工注意事项

1)橡胶质止水带在混凝土中的位置应事先按设计要求的位置及形式参照 GB 50108—2001 第 5.1.6 条附图固定牢固。

2)变形缝处止水带侧的模板必须固定牢固，确保密封，严禁在止水带两侧渗浆。

3)止水带的接缝宜为一处，应设在边墙较高的位置上，不得设在结构转角处，接头宜采用热压焊。

4)变形缝两侧的混凝土必须成型准确，内实外光。

5)橡胶质止水带在混凝土中的位置必须准确，混凝土施工时不得变形与移位。

【技能要点 2】后浇带

1.施工要求

(1)等级不得低于两侧混凝土。

(2)后浇带的接缝处理应符合施工缝的处理要求；后浇带混凝土养护时间不得少于 28 d。

(3)后浇带的留置必须依据设计要求的位置与尺寸，设在受力和变形较小的部位，间距宜为 30～60 m，宽度宜为 700～1 000 mm。

(4)后浇带可做成平直缝,结构主筋不宜在缝中断开,若必须断开,则主筋搭接长度应大于45倍主筋直径,接头应按规范要求错开,并应按设计要求设附加钢筋。

(5)后浇带需超前止水时,后浇带部位混凝土应局部加厚,并增设外贴式或中埋式止水带。

2.施工工艺

(1)工艺流程

1)后浇带的留置。

①地下室底板防水后浇带留置。

地下室底板防水层施工 → 底板底层钢筋绑扎 → 后浇带两侧钢板止水带下侧先用短钢筋头(钢筋间距400 mm)与板筋点焊 → 绑扎双层钢丝网于钢筋头上,钢丝网放置在先浇混凝土一侧 → 钢板止水带安置 → 钢板止水带上侧短钢筋头点焊及绑扎双层钢丝网于钢筋头上 → 后浇带两侧混凝土施工 → 后浇带处混凝土余浆清理 → 后浇带两侧混凝土养护 → 后浇带盖模保护钢筋

②地下室外墙防水后浇带留置。

地下室外墙常规钢筋施工 → 钢板止水带安置 → 钢板处柱分离箍筋焊接 → 焊短钢筋头于止水钢板上和剪力墙竖筋上 → 绑扎双层钢丝网于钢筋头上,钢丝网放置在先浇混凝土一侧 → 封剪力墙外模,并加固牢固 → 后浇带两侧混凝土浇筑 → 后浇带两侧混凝土养护

③楼板面后浇带施工。

后浇带模板支撑(应独立支撑) → 楼板钢筋绑扎 → 焊短钢筋头于板面筋和底板筋上 → 绑扎双层钢丝网于钢筋头上,钢丝网放置在先浇混凝土一侧 → 后浇带两侧混凝土浇筑 → 后浇带处混凝土余浆清理 →

后浇带两侧混凝土养护 → 后浇带盖模板保护钢筋

2)后浇带混凝土浇筑。

①地下室底板后浇带混凝土浇筑。

凿毛并清洗混凝土界面 → 钢筋除锈、调整 → 抽出后浇带处积水 → 安装止水条或止水带 → 混凝土界面放置与后浇带同强度砂浆或涂刷混凝土界面处理剂 → 后浇带混凝土施工 → 后浇带混凝土养护

②地下室外墙防水后浇带混凝土浇筑。

清理先浇混凝土界面 → 钢筋除锈、调整 → 放置止水条或止水带(若采用钢板止水带则无此项) → 封后浇带模板,并加固牢固 → 浇水湿润模板 → 后浇带混凝土浇筑

③楼板面后浇带混凝土浇筑。

清理先浇混凝土界面 → 检查原有模板的严密性与可靠性 → 调整后浇带钢筋并除锈 → 浇筑后浇带混凝土 → 后浇带混凝土养护

(2)施工注意事项

1)地下室底板防水后浇带的施工构造,如图 3—16～图 3—19 所示。

后浇补偿收缩混凝土
后浇带钢筋
钢板止水带规格为400×3
a/2
a/2
a
迎水面
700~1 000
现浇混凝土

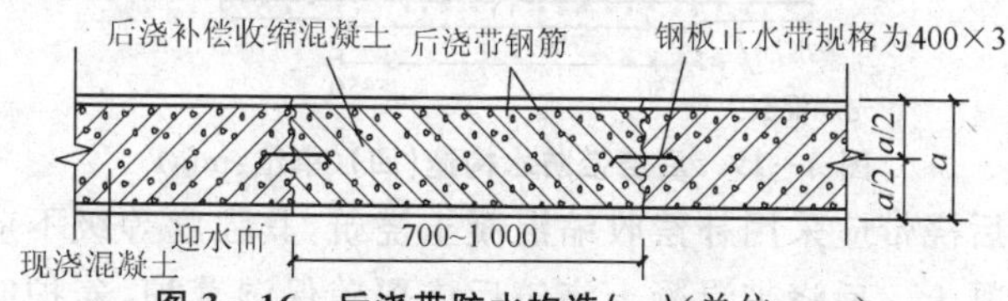

图 3—16　后浇带防水构造(一)(单位:mm)

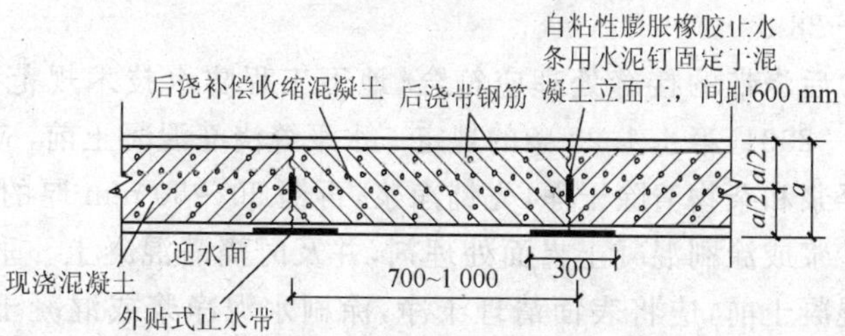

自粘性膨胀橡胶止水条用水泥钉固定于混凝土立面上，间距600 mm
后浇补偿收缩混凝土
后浇带钢筋
a/2
a/2
a
迎水面
300
700~1 000
现浇混凝土
外贴式止水带

图 3—17　后浇带防水构造(二)(单位:mm)

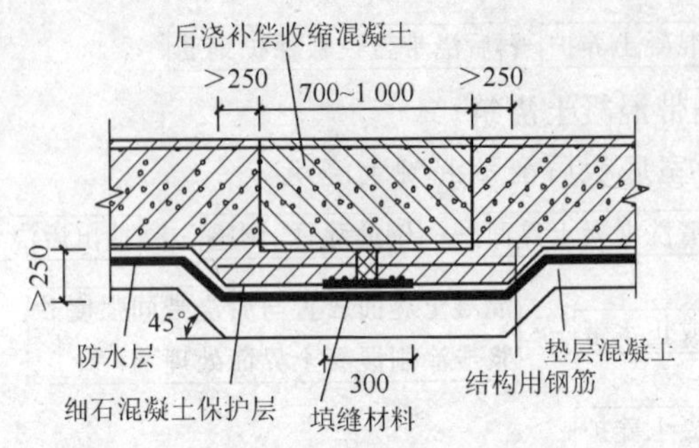

图 3—18　后浇带防水构造(三)(单位:mm)

2)后浇带两侧混凝土龄期达到 42 d 后再施工,但高层建筑的后浇带应在结构顶板浇筑混凝土 14 d 后进行。

3)后浇带混凝土施工前,后浇带部位和外贴式止水带应严格保护,严防落入杂物和损伤外贴式止水带。

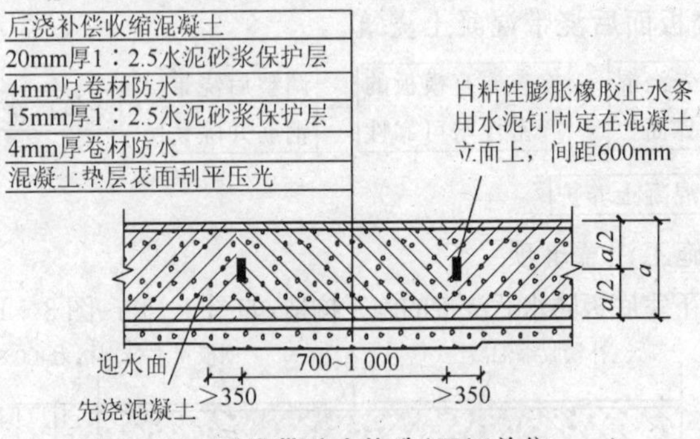

图 3—19　后浇带防水构造(四)(单位:mm)

4)后浇带应采用补偿收缩混凝土浇筑,其强度等级不应低于两侧混凝土。后浇带混凝土浇筑后应覆盖保湿养护,养护时间不得少于 28 d。

5)后浇带的接缝处理应符合《地下工程防水技术规范》(GB 50108—2001)第 4. 1. 22 条的规定。水平缝浇灌混凝土前,应将其表面浮浆和杂物清除干净,先铺净浆,再铺 30～50 mm 厚的 1∶1 水泥砂浆或涂刷混凝土界面处理剂,并及时浇灌混凝土。垂直缝浇灌混凝土前,应将表面清理干净,涂刷水泥净浆或混凝土界面剂,并及时浇灌混凝土。

6)后浇带模板应严密、稳固、混凝土施工时不得漏浆与变形。混凝土浇筑应密实,成型应精确,应特别注意新旧混凝土界面处的混凝土密实度。

7)防水后浇带的施工应注意界面的清理及止水条、止水带的保护,并保证防水功能技术措施的落实。严禁后浇带处有渗漏现象。

【技能要点3】孔口

1.施工要求

(1)地下工程通向地面的各种孔口应设置防止地面水倒灌措施。人员出入口应高出地面且不小于500 mm,汽车出入口处设明沟排水时,其高度宜为150 mm,并应有防雨措施。

(2)窗井内底板,应比窗井低300 mm。窗井墙高出地面不得小于500 mm。窗井外地面应做散水,散水与墙面间应采用密封材料嵌填。

(3)孔口位置、施工使用材料、施工质量必须满足现行规范和设计要求,无渗漏、无倒灌。

(4)孔口混凝土浇筑应留置混凝土试块及抗渗混凝土试块(设计有抗渗要求时)。

(5)通风口应与窗井同样处理,竖井窗下平离室外地面高度不小于500 mm。

(6)无论地下水位高低,窗台下部的墙体和底板应做防水层。

(7)窗井的底部在最高地下水位以上时,窗井的底板和墙应做防水处理并与主体结构断开。

(8)窗井或窗井的一部分在地下水位以下时,窗井应与主体结构连成整体,其防水层也应连成整体,并在窗井内设集水井。

2.施工工艺

(1)工艺流程

1)窗井底部在最高地下水位以上时,孔口底板、墙与主体施工时断开。

2)窗井底部一部分在最高地下水位以下时;孔口底板、墙与主体施工时连成主体，其防水层也应连成整体，并在窗井内设积水井。

(2)操作工艺

1)窗井底部在最高地下水位以上时：清除主体与孔口接合部浮浆、松散混凝土，浇筑孔口混凝土垫层，根据设计要求在浇好的孔口混凝土垫层面上弹出孔口位置线，经复核无误后绑扎钢筋、立模、浇灌孔口混凝土、覆盖保湿养护。

2)窗井底部一部分在最高地下水位以下时：孔口混凝土垫层、混凝土与主体一起浇筑，根据设计要求，在浇筑好的混凝土垫层上弹出孔口位置线，经复核无误后，绑扎钢筋、立模、浇灌孔口混凝土、保湿养护、防水层施工、防水保护层施工。

3)混凝土施工过程中：应保证孔口主体混凝土的结合，除混凝土的水灰比和水泥用量要严格控制外，结合部的混凝土不应出现集中或漏振现象。

(3)施工注意事项

1)防水层施工符合设计和现行规范、施工工艺要求。

2)钢筋绑孔符合设计和规范要求。

3)模板支撑稳固、拼缝密实、混凝土浇筑时不漏浆和变形、混凝土浇筑密实，成型精确，满足设计、规范和使用要求。

4)混凝土浇筑后进行正常的覆盖保湿养护。

5)孔口施工完成后无渗漏。

【技能要点4】穿墙管

1.施工要求

(1)柔性防水套管一般适用于管道穿过墙壁之处受振动或有严密防水要求的构筑物。刚性防水套管一般适用于管道穿过墙壁之处一般防水要求的构筑物。Ⅰ、Ⅱ、Ⅲ型刚性防水套管不适用于抗震设计烈度为8度以上地区。

(2)穿墙管止水环与主管或翼环与套管应连续满焊，并做好防腐处理。

(3)空墙管处防水层施工前，应将套管内表面清理干净。

(4)套管内的管道安装完毕后,应在两管间嵌入内衬填料,端部用密封材料填缝。柔性穿墙时,穿墙内侧应用法兰压紧。

(5)穿墙管外侧防水层应铺设严密,不留接槎;增铺附加层时,应按设计要求施工。

(6)柔性及刚性防水套管穿墙处之墙壁,如遇非混凝土墙壁时应改为混凝土墙壁,而且将套管一次性固定于墙内,其浇筑混凝土的范围应比止水环直径大 200 mm。

2.施工工艺

(1)工艺流程

套管制作 → 现场钢筋绑扎 → 套管安装固定 → 隐蔽验收 → 模板支设 → 浇混凝土 → 防水材料嵌填 → 封口钢板焊接试水

(2)操作工艺

1)套管加焊止水环法。在管道穿过防水混凝土结构处,预设套管,防水套管的刚性或柔性做法由设计选定,套管上加焊止水环,套管与止水环必须一次浇固于混凝土结构内,且与套管相接的混凝土必须浇捣密实。止水环应与套管满焊严密,止水环数量按设计规定。套管部分加工完成后在其内壁刷防锈漆一道。

安装穿墙管道时,对于刚性防水套管,先将管道穿过套管,按图将位置尺寸找准,予以临时固定,然后一端以封口钢板将套管及穿墙管焊牢,再从另一端将套管与穿墙管之间的缝隙以防水材料(防水油膏、沥青玛琋脂等)填满后,用封口钢板封堵严密。亦可于套管与穿墙管之间加挡圈,两边嵌填油麻和石棉水泥。

对于管道穿过墙壁处受振动或有严密防水要求的构筑物,应采用柔性防水套管的做法,在套管与管道间加橡皮圈,并用法兰压紧。

2)群管穿墙防水做法。在群管穿墙处留孔洞,洞口四周预埋角钢固定在混凝土中,封口钢板焊在角钢上,要四周满焊严密,然后将群管逐根穿过两端封口钢板上的预留孔,再将每管与封口钢板沿管周焊接严密(焊接时宜用对称方法或间隔时间施焊,以防封口钢板变形)，从封口钢板上的灌注孔向孔洞内灌注沥青玛琋脂，灌满后将预留的沥青灌注孔焊接封严。

3)单管固埋法。有现浇和预留洞后浇两种方法，构造简单、施工方便，但均不能适应变形，且不便更换。固埋法埋设管道时，应注意将管及止水环周围的混凝土浇捣密实，特别是管道底部更要仔细浇捣密实。

(3)施工注意事项

1)穿管外混凝土墙厚应不小于 300 mm。

2)套管部分加工完成后，在其外壁均刷底漆一遍，外层防腐由设计确定。

3)焊缝的焊接必须由有施焊合格证的焊工按设计要求和钢结构焊接的专门规定施焊。

【技能要点 5】埋设件

1. 施工要求

(1)结构上的埋设件宜预留。

(2)埋设件端部或预留孔(槽)底部的混凝土厚度不得小于 250 mm，当厚度小于 250 mm 时，应采取局部加厚或其他防水措施。

(3)预留孔(槽)内的防水层，宜与孔、槽外的结构防水层保持连续。

2. 施工工艺

(1)操作工艺。

1)预埋件处混凝土应力较集中，容易开裂，所以要求预埋件端部混凝土厚度大于或等于 250 mm；当厚度小于 250 mm 时，必须局部加厚采取抗渗止水的措施。

2)防水混凝土外观平整，无露筋，无蜂窝、麻面、孔洞等缺陷，预埋件位置准确。

3)用加焊止水钢板的方法既简便又可获得一定防水效果，施工时应注意将铁件及止水钢板周围的混凝土捣密实，以保证防水质量。

(2)施工注意事项。

1)埋设件的防水施工应注意下列规定。

①埋设件端部或预留孔(槽)底部的混凝土厚度不得小于250 mm;当厚度小于250 mm时,必须局部加厚或采取其他防水措施。

②预留地坑、孔洞、沟槽内的防水层,应与孔(槽)外的结构防水层保持连续。

③固定模板用的螺栓必须穿过混凝土结构时,螺栓及套管应满焊止水翼环;采用工具式螺栓或螺栓加堵头做法,拆模后应采取加强防水措施将留下的凹槽封堵密实。

2)密封材料的防水施工应符合下列规定。

①检查黏结基面的表面情况、干燥程度以及接缝的尺寸,接缝内部的杂物、灰砂应清除干净,对不符合要求的接缝两边黏结基层应进行处理。

②热灌法施工应自下向上进行并尽量减少接头,接头应采用斜槎;密封材料熬制及浇灌温度应按不同材料要求严格控制。

③冷嵌法施工应先分次将密封材料嵌填在缝内,用力压嵌密实并与缝壁黏结牢固,密封材料与缝壁不得留有空隙,防止裹入空气。接头应采用斜槎。

④接缝处的密封材料底部应嵌填背衬材料,外露密封材料上应设置保护层,其宽度应不小于100 mm。

3)预埋件防水施工应符合下列规定。

①认真清除预埋件表面侵蚀层,使预埋铁件与混凝土粘结严密。

②预埋件周围,尤其是预埋件密集处混凝土浇筑困难,振捣必须密实。

③在施工或使用时,防止预埋件受振松动,与混凝土间不应产生缝隙。

【技能要点6】预留通道接头

1. 施工要求

(1)预留通道接缝处的最大沉降差值不得大于30 mm。

(2)预留通道接头应采取复合防水构造形式。

2. 施工工艺

(1)中埋式止水带、遇水膨胀橡胶条、嵌缝材料、可卸式止水带的施工应符合《地下工程防水技术规范》(GB 50108—2001)中的有关规定。

(2)预留通道先施工部位的混凝土、中埋式止水带、与防水相关的预埋件等应及时保护,确保端部表面混凝土和中埋式止水带清洁,埋件不锈蚀。

(3)当先浇混凝土中未预埋可卸式止水带的预埋螺栓时,可选用金属或尼龙的膨胀螺栓固定可卸式止水带。采用金属膨胀螺栓时,可用不锈钢材料或金属涂膜、环氧涂料进行防锈处理。

【技能要点7】桩头

1. 施工要求

(1)桩头部位的防水不应采用柔性防水卷材,也不宜采用一般涂膜类防水(如类似聚氨酯类涂膜防水)。

(2)采用的防水材料应能承受在施工过程中钢筋处于变位时,防水层应紧密地与钢筋粘结牢固,同时应保持在动态变位过程中也不致断裂,而且能起到桩头与底板新旧混凝土之间界面连接的作用,同时要确保桩基与底板结构之间粘结强度和桩头本身的防水密封以及和底板垫层大面防水层连成一个连续整体,使其形成天衣无缝的防水层。其主要技术性能要求为:

1)材料黏结强度高,确保防水层与桩头钢筋牢固黏结,同时与混凝土之间有着牢固的握裹力,使其形成一体,并在施工过程中钢筋往返弯曲时,防水材料性能不受较大影响。

2)材料应具有弹性和柔韧性,以适应基面的扩展与收缩、自由改变形状而不断裂。

3)应使用适应在潮湿环境下固结或固化的防水材料。防水层的耐水性好,无毒,施工方便。

2. 施工工艺

桩头防水施工应符合下列要求:

(1)破桩后如发现渗漏水,应先采取措施将渗漏水止住。

(2)采用其他防水材料进行防水时,基面应符合防水层施工的要求。

(3)应对遇水膨胀止水条进行保护。

【技能要点8】坑、池

1. 施工要求

(1)坑、池及贮水库宜用防水混凝土,内设其他防水层。受振动作用时应设柔性防水层。

(2)底板以下的坑、池,其局部底板必须相应降低,并应使防水层保持连续。

(3)坑、池及贮水库使用防水混凝土时,技术要求、质量验收按《地下工程防水技术规范》(GB 50108—2008)、《地下防水工程质量验收规范》(GB 50208—2011)执行,混凝土的施工工艺按防水混凝土施工工艺执行。

(4)地下室底板的坑、池施工同地下室底板。

2. 施工工艺

(1)工艺流程。

浇筑坑、池垫层 → 在垫层面上确定坑、池位置 → 防水层施工 → 绑扎钢筋 → 支撑模板 → 浇灌混凝土 → 覆盖保温养护

(2)操作工艺。

1)浇筑混凝土垫层,复核坑、池的位置经检查无误后进行防水层施工。根据设计要求选定任一防水层做法后,按所选防水层工艺和检验评定标准进行施工;绑扎钢筋、模板支撑、浇灌混凝土,在已浇筑好的混凝土面覆盖保湿养护。

2)工艺过程设计如有特殊要求时,按设计要求。

3)施工过程混凝土的水灰比、水泥、砂、石用量要严格控制。

(3)施工注意事项。

1)钢筋。钢筋绑扎牢固、留足保护层、绑扎的几何尺寸和质量标准符合设计要求和现行质量标准。

2)模板。模板平整、拼缝严实不漏浆，并有足够的强度和刚度承担浇灌混凝土时物体的侧压力和施工荷载。达到混凝土浇筑密实、成型精确，无渗漏，符合设计和规范要求。

3)混凝土。混凝土严格按配合比要求、计量准确，防水混凝土的搅拌时间不少于 120 s，掺入外加剂时搅拌时间在 120～150 s。采用商品混凝土或混凝土搅拌至现场较远时，要防止混凝土产生离析现象，常温下 30 min 内运到现场于初凝前浇筑完毕；混凝土浇筑前清除模板内积水和污物，自落高度不得超出 1.5 m，否则加串筒或溜槽等进行浇筑，浇筑时每层厚度不超过 30～40 cm，两层间隔时间不超过 2 h，夏季时相应缩短。

第四章　其他工程防水施工技术

第一节　厕浴间防水

【技能要点1】聚氨酯防水涂料施工

1. 施工程序

清理基层→涂刷基层处理剂→涂刷附加层防水涂料→涂刮第一遍涂料→涂刮第二遍涂料→涂刮第三遍涂料→第一次蓄水试验→稀撒砂粒→质量验收→保护层施工→第二次蓄水试验。

2. 操作要点

(1)清理基层。将基层清扫干净；基层应做到找坡正确，排水顺畅，表面平整、坚实，无起灰、起砂、起壳及开裂等现象。涂刷基层处理剂前，基层表面应达到干燥状态。

(2)涂刷基层处理剂。将聚氨酯甲、乙两组分与二甲苯按1∶1.5∶2的比例配合搅拌均匀即可使用。先在阴阳角、管道根部用滚动刷或油漆刷均匀涂刷一遍，然后大面积涂刷，材料用量为0.15～0.2 kg/m²。涂刷后干燥4 h以上，才能进行下一工序的施工。

(3)涂刷附加增强层防水涂料。在地漏、管道根、阴阳角和出入口等容易漏水的薄弱部位，应先用聚氨酯防水涂料按甲∶乙＝1∶1.5的比例配合；均匀涂刮一次做附加增强层处理，按设计要求，细部构造也可做带胎体增强材料的附加增强层处理。胎体增强材料宽度300～500 mm，搭接缝100 mm，施工时，边铺贴平整，边涂刮聚氨酯防水涂料。

(4)涂刮第一遍涂料。将聚氨酯防水涂料按甲料∶乙料＝1∶1.5的比例混合，开动电动搅拌器，搅拌3～5 min，用胶皮刮板均匀涂刮一遍。操作时要厚薄一致，用料量为0.8～1.0 kg/m²，立面涂刮高度不应小于100 mm。

(5)涂刮第二遍涂料。待第一遍涂料固化干燥后，要按上述方法涂刮第二遍涂料。涂刮方向应与第一遍相垂直，用料量与第一遍相同。

(6)涂刮第三遍涂料。待第二遍涂料涂膜固化后，再按上述方法涂刮第三遍涂料，用料量为0.4～0.5 kg/m²。

三遍聚氨酯涂料涂刮后，用料量总计为2.5 kg/m²，防水层厚度不小于1.5 mm。

(7)第一次蓄水试验。等涂膜防水层完全固化干燥后，即可进行蓄水试验。蓄水试验24 h后观察无渗漏为合格。

(8)饰面层施工。涂膜防水层蓄水试验不渗漏，质量检查合格后，即可进行抹水泥砂浆或粘贴陶瓷锦砖、防水地砖等饰面层。施工时应注意成品保护，不得破坏防水层。

(9)第二次蓄水试验。厕浴间装饰工程全部完成后，工程竣工前还要进行第二次蓄水试验，以检验防水层完工后是否被水电或其他装饰工程损坏。蓄水试验合格后，厕浴间的防水施工才算圆满完成。

【技能要点2】氯丁胶乳沥青防水涂料施工

1. 施工程序

以一布四涂为例，其施工程序如下：清理基层→满刮一遍氯丁胶乳沥青水泥腻子→涂刷第一遍涂料→做细部构造增强层→铺贴玻璃纤维布同时涂刷第二遍涂料→涂刷第三遍料→涂刷第四遍涂料→蓄水试验→饰面层施工→质量验收→第二次蓄水试验。

2. 操作要点

(1)清理基层。将基层上的浮灰、杂物清理干净。

(2)刮氯丁胶乳沥青水泥腻子。在清理干净的基层上，满刮一遍氯丁胶乳沥青水泥腻子。管道根部和转角处要厚刮，并抹平整。腻子的配制方法，是将氯丁胶乳沥青防水涂料倒入水泥中，边倒边搅拌至稠浆状，即可刮涂于基层表面，腻子厚度约2～3 mm。

(3)涂刷第一遍涂料。等上述腻子干燥后，再在基层上满刷一遍氯丁胶乳沥青防水涂料(在大桶中搅拌均匀后再倒入小桶中使用)。操作时涂刷不得过厚,但也不能漏刷,以表面均匀、不流淌、不堆积为宜。立面需刷至设计高度。

(4)做附加增强层。在阴阳角、管道根、地漏、大便器等细部构造处分别做一布二涂附加增强层,即将玻璃纤维布(或无纺布)剪成相应部位的形状铺贴于上述部位,同时刷氯丁胶乳沥青防水涂料,要贴实、刷平,不得有皱褶、翘边现象。

(5)铺贴玻璃纤维布同时涂刷第二遍涂料。待附加增强层干燥后,先将玻璃纤维布剪成相应尺寸铺贴于第一道涂膜上,然后在上面涂刷防水涂料,使涂料浸透布纹网眼并牢固地粘贴于第一道涂膜上。玻璃纤维布搭接宽度不宜小于 100 mm,并顺流水接槎,从里面往门口铺贴,先做平面后做立面,立面应贴至设计高度,平面与立面的搭接缝留在平面上,距立面边宜大于 200 mm,收口处要压实贴牢。

(6)涂刷第三遍涂料。待上遍涂料实干后(一般宜 24 h 以上),再满刷第三遍防水涂料,涂刷要均匀。

(7)涂刷第四遍涂料。上遍涂料干燥后,可满刷第四遍防水涂料,一布四涂防水层施工即告完成。

(8)蓄水试验。防水层实干后,可进行第一次蓄水试验。蓄水 24 h 无渗漏为合格。

(9)饰面层施工。蓄水试验合格后,可按设计要求及时粉刷水泥砂浆或铺贴面砖等饰面层。

(10)第二次蓄水试验。方法与目的同聚氨酯防水涂料。

【技能要点 3】刚性防水层施工

(1)基层处理。施工前,应对楼面板基层进行清理,除净浮灰杂物,对凹凸不平处用 10%～12%UEA(灰砂比为 1∶3)砂浆补平,并应在基层表面浇水,使基层保护湿润,但不能积水。

(2)铺抹垫层。按 1∶3 水泥砂浆垫层配合比,配制灰砂比为 1∶3UEA 垫层砂浆,将其铺抹在干净湿润的楼板基层上。铺抹前,按照坐便器的位置,准确地将地脚螺栓预埋在相应的位置上。垫层的厚度为 20～30 mm,必须分 2～3 层铺抹,每层应揉浆、拍打密实，垫层厚度应根据标高而定。在抹压的同时，应完成找坡工作，地面向地漏口找坡 2%，地漏口周围 50 mm 范围内向地漏中心找坡 5%，穿楼板管道根部位向地面找坡为 5%，转角墙部位的穿楼板管道向地面找坡为 5%。分层抹压结束后，在垫层表面用钢丝刷拉毛。

(3)铺抹防水层。待垫层强度能达到上人时，把地面和墙面清扫干净，并浇水充分湿润，然后铺抹四层防水层，第一、第三层为 10%UEA 水泥素浆，第二、第四层为 10%～12%UEA(水泥：砂＝1：2)水泥砂浆层，铺抹方法如下。

第一层：先将 UEA 和水泥按 1：9 的配合比准确称量后，充分干拌均匀，再按水灰比加水拌和成稠浆状，然后就可用滚刷或毛刷涂抹，厚度为 2～3 mm。

第二层：灰砂比为 1：2，UEA 掺量为水泥质量的 10%～12%，一般可取 10%。待第一层素灰初凝后，即可铺抹，厚度为 5～6 mm，凝固 20～24 h 后，适当浇水湿润。

第三层：掺 10%UEA 的水泥素浆层，其拌制要求、涂抹厚度与第一层相同，待其初凝后，即可铺抹第四层。

第四层：UEA 水泥砂浆的配合比、拌制方法，铺抹厚度均与第二层相同。铺抹时应分次用铁抹子压 5～6 遍，使防水层坚固密实，最后再用力抹压光滑，经硬化 12～24 h，就可浇水养护 3 d。

以上四层防水层的施工，应按照垫层的坡度要求找坡，铺抹的操作方法与地下工程防水砂浆施工方法相同。

(4)管道接缝防水处理。待防水层达到强度要求后，拆除捆绑在穿楼板部位的模板条，清理干净缝壁的浮渣碎物，并按节点防水做法的要求涂布素灰浆和填充 UEA 掺量为 15%的水泥：砂＝1：2管件接缝防水砂浆，最后灌水养护 7 d。蓄水期间，如不发生渗漏现象，可视为合格；如发生渗漏，找出渗漏部位，及时修复。

(5)铺抹 UEA 砂浆保护层。保护层 UEA 的掺量为 10%～12%，灰砂比为 1：(2～2.5)，水灰比为 0.4。铺抹前，对要求用膨胀橡胶止水条做防水处理的管道、预埋螺栓的根部及需用密封材料嵌填的部位及时做防水处理。然后就可分层铺抹厚度为 15～25 mm 的 UEA 水泥砂浆保护层，并按坡度要求找坡，待硬化 12～24 h 后，浇水养护 3 d。最后，根据设计要求铺设装饰面层。

第二节　外墙防水

【技能要点 1】外墙防水构造要求

1. 外墙找平层

(1)外墙体表面平整超过 20 mm 时，应设砂浆找平层，孔洞、缺口等均应先行堵塞。

(2)外墙较平整时，找平层可与防水层合一，并宜采用掺防水剂或减水剂的水泥砂浆。

(3)找平层不宜使用掺黏土类的混合砂浆。

(4)找平层一次抹灰厚度不宜大于 10 mm。

(5)找平层的抗压强度不应低于 M10，与墙体基层的剪切粘结力不宜小于 1 MPa。

(6)找平层在外墙混凝土结构与砖墙交接处，应附加钢丝网抹灰，宽度宜为 200～300 mm。

2. 外墙防水层

(1)外墙防水层必须留设分格缝。分格缝间距纵横不应大于 3 m，且在外墙体不同材料交接处还宜增设分格缝。分格缝缝宽宜为 10 mm、缝深宜为 5～10 mm，并应嵌填密封材料。密封材料宜选择高弹塑性、高黏结力和耐老化的材料。

(2)防水砂浆抗渗等级不应低于 P6，或耐风雨压力不小于 588 Pa。

(3)防水砂浆的抗压强度不应低于 M20，与基层的剪切黏结力不宜小于 1 MPa。

(4)墙面为饰面材料或亲水性涂料时，防水层不宜采用表面憎水性材料。

(5)外墙防水层可直接设在墙体基层上，也可设在抗压强度大于 M10 的找平层上；直接设在墙体上时，砖墙缝及墙上的孔洞，必须先行堵塞。

3. 外墙饰面层

(1)外墙饰面层必须留设分格缝。分格缝纵横间距不应大于3 m,且在外墙体不同材料交接处宜留设分格缝。分格缝缝宽宜为10 mm,并嵌填高弹性、高黏结力和耐老化的密封材料。

(2)外墙饰面砖的勾缝,应采用聚合物水泥砂浆材料。

(3)粘贴外墙饰面砖时,宜优先采用聚合物水泥砂浆或聚合物水泥浆作胶结材料,也可采用掺减水剂、防水剂的水泥砂浆或水泥浆,但此时胶结层均不宜过厚。

【技能要点 2】外墙面涂刷保护性防水涂料施工

1. 清理基层

施工前,应将基面的浮灰、污垢、苔斑、尘土等杂物清扫干净。遇有孔、洞和裂缝须用水泥砂浆填实或用密封膏嵌实封严。待基层彻底干燥后,才能喷刷施工。

2. 配制涂料

将涂料和水按1∶(10～15)(质量比)的比例称量后盛于容器中,充分搅拌均匀后即可喷涂施工。

3. 喷刷施工

将配制稀释后的涂料用喷雾器(或滚刷、油漆刷)直接喷涂(或涂刷)在干燥的墙面或其他需要防水的基面上。先从施工面的最下端开始,沿水平方向从左至右或从右至左(视风向而定)运行喷刷工具,随即形成横向施工涂层,这样逐渐喷刷至最上端,完成第一次涂布。也可先喷刷最下端一段,再沿水平方向由上至下分段进行喷刷,逐渐涂布至最下端一段与之相衔接。每一施工基面应连续重复喷刷两遍。

第一遍:沿水平方向运行喷刷工具,形成横向施工涂层,在第一遍涂层还没有固化时,紧接着进行垂直方向的第二遍喷刷。

第二遍:沿垂直方向的喷刷方法是视风向从基面左端(或右端)开始从上至下或从下至上运行喷刷工具,形成竖向涂层,逐渐移向右端(或左端),直至完成第二次喷刷。

瓷砖或大理石等饰面的喷涂重点是砖间接缝。因接缝呈凹条型，和饰面不处在同一个平面上，可先用刷子紧贴纵、横向接缝，上下、左右往复涂刷一遍，再用喷雾器对整个饰面满涂一遍。

4. 施工注意事项

(1)严格按1∶(10～15)的配合比(质量比)将涂料和水稀释。水量过多，防水会失效。

(2)施工时，涂料应现用现配，用多少配多少，稀释液宜当天用完。

(3)对墙面腰线、阳台、檐口、窗台等凹凸节点应仔细反复喷涂，不得有遗漏，以免雨水在节点部位滞留而失去防水作用，向室内渗漏。

(4)施工后24 h内不得经受雨水侵袭，否则将影响使用效果，必要时应重新喷涂。

【技能要点3】外墙拼接缝密封防水施工

1. 外墙基层处理

基层上出现的有碍粘结的因素及处理方法，见表4—1。

表4—1　外墙基层处理

项次	部位	可能出现的不利因素	处理方法
1	金属幕墙	1. 锈蚀	(1)钢针除锈枪处理； (2)锉、金属刷或砂子
		2. 油渍	用有机溶剂溶解后再用白布揩净
		3. 涂料	(1)用小刀刮除； (2)用不影响粘结的溶剂溶解后再用白布揩净
		4. 水分	用白布揩净
		5. 尘埃	用甲苯清洗后用白布揩净
2	PC幕墙	1. 表面黏着物	用有关有机溶剂清洗
		2. 浮渣	用锤子、刷子等清除

续上表

项次	部位	可能出现的不利因素	处理方法
3	各种外装板	1. 浮渣、浮浆	用锤子、刷子等清除
		2. 强度比较弱	敲除、重新补上
4	玻璃周边接缝	油渍	用甲苯清洗后用白布揩净
5	金属制隔扇	同金属幕墙	同金属幕墙
6	压顶木	1. 腐烂了的木质	进行清除
		2. 沾有油渍	把油渍刨掉
7	混凝土墙	浮渣	同屋面部位的混凝土处理方法一致

2. 防污条、防污纸粘贴

防污条、防污纸的粘贴是为了防止密封材料污染外墙，影响美观。外墙对美观程度要求高，因此，在施工时应粘贴好防污条和防污纸，同时也不能使污条上的粘胶浸入到密封膏中去。

3. 底涂料的施工

底涂料起着承上启下的作用，使界面与密封材料之间的粘结强度提高，因此应认真地涂刷底涂料。

底涂料的施工环境如下：

1)施工温度不能太高，以免有机溶剂在施工前就挥发完了。

2)施工界面的温度不能太高，以免黏结困难。

3)界面表面不应结露。

4. 嵌填密封材料

确定底涂料已经干燥，但未超过 24 h 时便可开始嵌填密封材料。充填时，金属幕墙、PC 幕墙、各种外装板、混凝土墙应从纵横缝交叉处开始，施工时，枪嘴应从接缝底部开始，在外力作用下先让接缝材料充满枪嘴部位的接缝，逐步向后退，每次退的时候都不能让枪嘴露出在密封材料外面，以免气泡混入其中。玻璃周边接缝从角部开始，分两步施工。第一步：使界面和玻璃周边相粘结，此次施工时，密封材料厚度要薄，且均匀一致。第二步：将玻璃与界面之间的接缝密封，一般来说，此次施工成三角形，密封材料表面光滑，不应对玻璃和界面造成污染，便于随后的装饰。压顶木的接缝施工应从顶部开始，施工要点如前所述。

第三节　防水渗漏治理

【技能要点1】地下工程渗漏水治理

1.地下工程渗漏水检查

(1)渗漏水形式

地下工程渗漏水形式归纳起来主要有三种，即点的渗漏、线的渗漏和面的渗漏；按其渗水量的大小，可分为慢渗、快渗、漏水和涌水四种。

1)慢渗。漏水现象不太明显，用毛刷或布将漏水处擦干，不能立即发现漏水，需经3～5 min后，才发现有湿痕，再隔一段时间才积成一小片水。

2)快渗。漏水现象比慢渗明显，擦干漏水处能立即出现水痕，很快积成一片，并顺墙流下。

3)漏水。也称急流，漏水现象明显，可看到有水从缝隙、孔洞急流而下。

4)涌水。也称高压急流，漏水严重，水压较大，常常形成水柱从漏水处喷出。

(2)渗漏原因

在地下防水工程中，由于设计不当、构造处理欠周、选材不良、施工质量不好，以及地基下沉、地震灾害等原因，特别是对地下水的活动规律认识不清，以致已竣工的工程出现渗漏。根据我们在工作中的体会，大致有以下几个方面原因。

1)建筑设计处理不当造成渗漏。防水处理与工程的结构设计未很好结合，结构的形体设计过于复杂，不利于防水，工程的重心与形心不一致，容易产生沉降的地段没有设置沉降缝。

2)穿墙管线的细部构造不当造成渗漏。防水和管道线路没有很好配合，其细部构造不当，往往成为地下水渗入的主要孔道，有的地下工程在穿墙孔部位未做防水处理，仅用水泥砂浆填塞管道与预留孔之间的空隙，由于砂浆的收缩而出现缝隙渗水。有的虽用沥青麻丝嵌填，由于嵌填不实产生漏水。有些地下工程的积水，由出入口、通风孔等处渗入。

3)施工质量不良造成渗漏。在防水混凝土的施工中，为作业方便，任意加大水灰比，捣固不密实或捣固过久，表面浮浆过厚、或漏捣以致出现蜂窝和鼠洞，混凝土中混入杂物，绑扎钢丝穿透混凝土层，出现露筋，砌体缝灌浆不饱满，混凝土或水泥砂浆养护时间不足，表面干燥，骤冷骤热，均会引起裂缝而渗漏。

施工中赶进度，或遇土质不良地段唯恐塌方，没有做防水处理，有的虽进行防水作业，但未按操作规程作业，这些也将产生渗漏。

4)地质和水文地质勘探资料不全，缺乏防水方案的设计造成渗漏。不少工程仅凭少数钻探资料，而推断整个建筑地区的地质情况，因而造成设计时的失误，如出现不均匀沉陷，造成地下工程断裂而渗漏；有的对地下水活动规律缺乏了解，防水工程设施位于地下水位之下，或未考虑防水措施，这些都导致工程渗漏。

5)竣工后工程维护不好造成渗漏。当工程竣工后，市政管道和路面没有及时敷设和修复，甚至结构长期浸泡在污水中，使得原有防水层遭到破坏，以致渗漏。覆土回填时，作业不慎损坏了原有的防水层。处于流沙地带的地下工程，由于长期抽水，从而使基础下掏空，产生不均匀下沉。

6)特殊部位未做防水处理造成渗漏。地下工程的侧墙与基础、侧墙与拱脚等薄弱部位未做特殊防水处理。

基层块石夯不匀，或地基土质较差，竣工后产生不均匀沉陷或结构上的负荷变化，事先没有做特殊的处理，使基础断裂。

7)建筑材料质量不符合要求造成渗漏。采用的水泥强度虽然很高，但稳定性差，凝固后容易产生裂缝或鼓起。采用的料石受爆破震裂，以致地下水极易从料石砌料的裂缝中渗入。

(3)渗漏部位检查

治理时应根据渗漏水的具体情况，按照以下方法，准确地找出渗漏部位。

1)在漏水集中和严重的部位,可用肉眼观察直接找出渗漏点。

2)当肉眼观察不能分辨漏水孔的位置时,可用毛刷粘吸表面水珠,在漏水处很快出现亮光,该处即为渗漏点。

3)在大面积慢渗处,当渗水量较小而用毛刷找漏无效时,可将漏水部位擦干,立即在该处薄薄地撒上一层干水泥,表面出现湿点、湿线处即为漏水的孔眼或缝隙。

4)如果出现轻微成片慢渗的情况,采用上述三种方法不易发现渗漏的具体部位,可用水泥胶浆找漏,即在可能漏水处均匀涂刷一层水泥浆或水泥胶浆(水泥∶水玻璃=1∶1),并立即在表面均匀地撒上干水泥粉一层。当干水泥粉表面短时间内出现湿点或湿线时,该处即为渗漏部位。

2.补漏方案的确定

(1)查找地下工程渗漏来源。

首先对工程周围的水质、水源、土质等情况进行调查,掌握地下水位随季节变化的规律和地表水的影响,以确定工程所承受的大致水压,此外还应了解生产用水、生活用水排放情况。

(2)从结构上分析渗漏水原因。

首先要了解结构的强度、刚度是否满足要求,地基是否存在不均匀沉降等问题。因为上述因素可能导致结构开裂而造成渗漏。修补堵漏工作应在结构稳定,即裂缝不再断续扩展的情况下进行。

(3)检查防水施工及构造做法的质量情况对渗漏的影响。

工程实践表明,绝大部分渗漏水都与施工质量差有关。因此确定方案时,必须对施工过程中搅拌、浇筑、振捣、养护等各个环节以及施工缝、变形缝留设位置、处理方法等进行了解,以判断工程渗漏水原因。还可通过工程蜂窝、麻面、孔洞的数量间接了解施工质量对工程渗漏的影响。

(4)检查防水材料的性能质量对渗漏的影响。

对工程所用的防水材料进行检验,以判断工程渗漏水是否由材料质量不良或选材不当而引起。

【技能要点 2】孔洞漏水治理

1. 直接堵塞法

当孔洞较小、水压不大(水头在 2 m 左右)时采用。操作时,按漏水量的大小,以漏点为圆心,剔成直径为 10～30 mm、深 20～50 mm的圆孔,剔孔时孔壁与基面要垂直,不要出现面大内小的锥形孔。剔孔完毕,用水将孔洞冲洗干净,立即用水泥∶水玻璃＝1∶0.6 的水玻璃胶浆(或其他胶浆)搓成与孔洞直径相同的圆锥体,待胶料开始凝固时,迅速用力将胶料塞进孔洞内,并向孔洞四周挤压密实,使胶料与孔洞紧密结合。操作完毕将孔洞周围水迹擦干,撒上干水泥,检查是否有漏水现象,无漏水现象时,再在胶浆表面抹素灰和水泥砂浆各一道,并将砂浆表面扫毛。待砂浆有一定强度(夏天 1 昼夜、冬季 2～3 昼夜),其上做防水层。如发现有渗漏现象,需将堵塞胶浆剔除,重新堵塞。

2. 下管堵漏法

下管堵漏法适用于水压力在 20～40 kPa、孔洞较大的情况。将漏水处剔成孔洞,深度视漏水情况而定,在孔洞底部铺碎石,碎石上面覆盖一层与孔洞面积相同的卷材(或铁片),用一胶管穿透卷材至底部碎石中(如是地面孔洞漏水,则在漏水处四周砌筑挡水墙,将水引出墙外)。然后用促凝剂水泥砂浆(水灰比为 0.8～0.9)把孔洞一次灌满,待胶浆开始凝固时,立即用力将孔洞四周压实,并使胶浆表面低于基层面 1～2 cm。擦干表面,经检查孔洞四周无渗水时,抹上防水层的第一、二层。待防水层有一定强度后,将胶管拔出,再按直接堵漏法将管孔堵塞,最后抹防水层的第三、四层。下管堵漏法如图 4—1 所示。

3. 木楔堵塞法

木楔堵塞法适用于水压很大(水位在 5 m 以上)、漏水孔洞不大的情况。用水泥胶浆把一铁管(管径视漏水量而定)稳牢于漏水处剔成的孔洞内,铁管顶端应比基层面低 2 cm,铁管四周空隙用水泥砂浆、素灰(稠水泥浆)抹好,待达到一定强度后,将一个经沥青浸渍过的木楔击入管内，管顶处再抹干硬性水泥砂浆及素灰，经 24 h 后，检查无漏水现象，随同其他部位一起做好防水层，如图 4—2 所示。

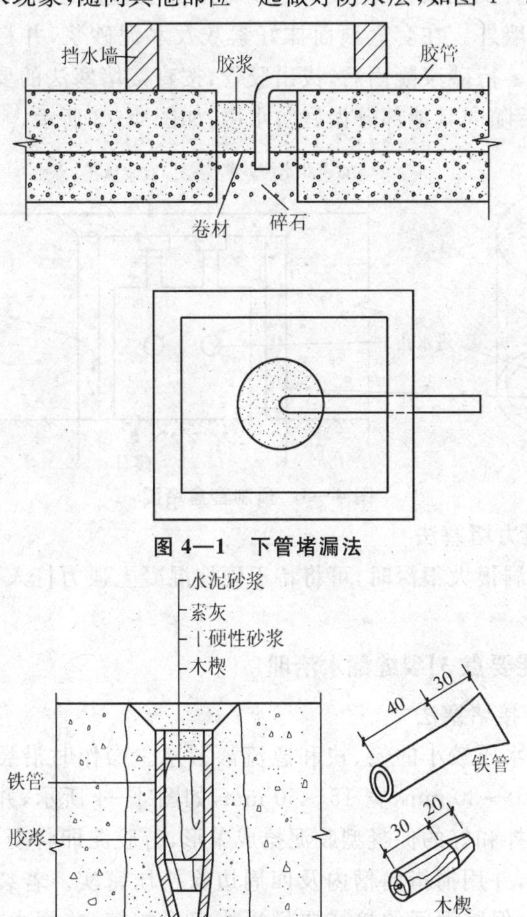

图 4—1　下管堵漏法

图 4—2　木楔堵塞法（单位：mm）

4. 套盒堵漏法

套盒堵漏法适用于水压较大、漏水严重、孔洞较大的情况。将漏水处剔成圆形孔洞，在孔洞四周砌筑挡水墙。根据孔洞大小预制混凝土套盒。套盒外半径比孔洞半径小 30 mm，套盒上留有数个进水孔及出水孔，套盒外壁做好防水层，表面做成麻面，在孔洞底部铺碎石及芦席，将套盒反扣在孔洞内。在套盒志孔洞壁的空隙中填碎石及胶浆，并用胶浆把胶管插稳于套盒的出水孔上，将水引到挡水墙外。在套盒顶面抹好素灰及水泥砂浆，并将砂浆表面扫成毛纹。待砂浆凝固后，拔出胶管，按直接堵塞法的要求将孔眼堵塞，最后随同其他部分做好防水层，如图 4—3 所示。

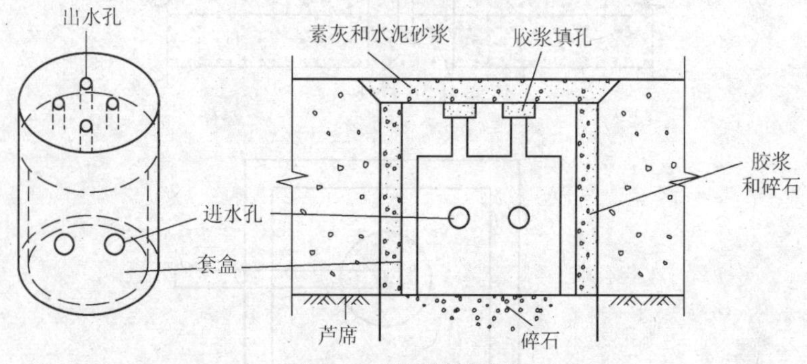

图 4—3　预制套盒堵漏

5. 强力堵塞法

当孔洞很大很深时，可将特干硬性混凝土强力打入孔内，进行强力压堵。

【技能要点 3】裂缝漏水治理

1. 直接堵塞法

适用水压较小的慢、快和急流渗漏水。操作时沿裂缝剔八字形槽，深 10～30 mm，宽 15～50 mm，如图 4—4 所示，并将槽清洗干净。把拌和好的促凝型胶泥捻成条形，待胶泥即将凝固时，迅速压入槽中，并用拇指向槽内及四周边缘挤压密实。若裂缝过长可分段修堵，但胶泥间的接槎要呈反八字形相接，并用力挤压密实。堵完经检查无漏水后，再抹素灰、水泥砂浆各一层，交将表面扫成毛纹。待砂浆凝固后，再做防水层。

2. 下线堵漏法

用于水压较大的裂缝漏水。操作时，先按“直接堵塞法”沿裂缝剔好沟槽并冲洗干净，然后在沟槽底部沿裂缝放置小绳，绳径视漏水量大小而定，绳长约 150～300 mm，绳放好后将准备好的胶浆迅速压入沟槽内并压实，随后抽出小绳，使水顺绳孔流出，最后堵塞绳孔，如图 4—5 所示。

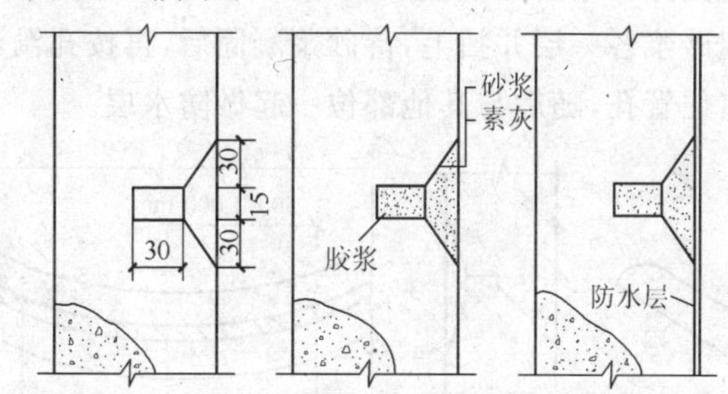

图 4—4　裂缝渗漏水直接堵漏法(单位：mm)

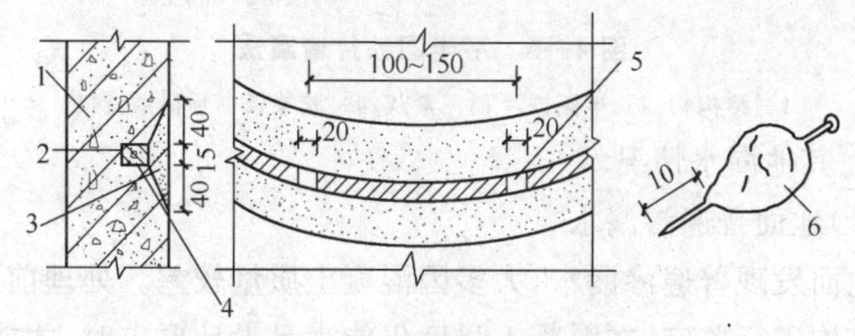

图 4—5　下线堵漏法(单位：mm)

1—结构物；2—胶浆；3—素灰；4—小绳；5—预留溢流口；6—铁钉裹胶浆

如果裂缝较长，可分段堵塞，每段留出大约 20 mm 空隙，在空隙处按漏水量大小，采用下钉堵塞法或下管堵塞法将其缩小。当用下钉堵塞法时，是将胶浆包在钉杆上，待胶浆开始凝固时迅速插入预留的 20 mm 空隙中并压实，同时转动钉杆将其拔出，使水顺钉眼流出。最后按"孔洞漏水直接堵塞法"将钉眼堵塞，然后在沟槽表面抹素灰和砂浆各一道，凝固后随其他部位一起做防水层。

3. 下半圆铁片堵漏法

适用于水压较大的急流渗漏水。操作时，沿渗漏水缝剔八字形槽，尺寸可视水量大小而定，一般深×宽为 30 mm×20 mm、40 mm×30 mm 或 50 mm×30 mm。将铁皮做成半圆形，长 100~150 mm，弯由后的宽度与槽宽相等，将半圆铁片(或其他金属片)连接排放卡于槽底，每隔 500~1 000 mm 放 1 个带孔的半圆铁片，以便把胶管或塑料管插入起引水作用，如图 4－6 所示。

插管要用胶泥(浆)稳住。然后用胶泥(浆)分段堵塞,仅留出插管部位的空隙。堵塞经检查无漏水后,在沿槽的胶泥(浆)上抹素灰和水泥砂浆各一层并扫毛,待砂浆凝固后,再按孔洞渗漏水的处理方法堵住管孔,随后与其他部位一起做防水层。

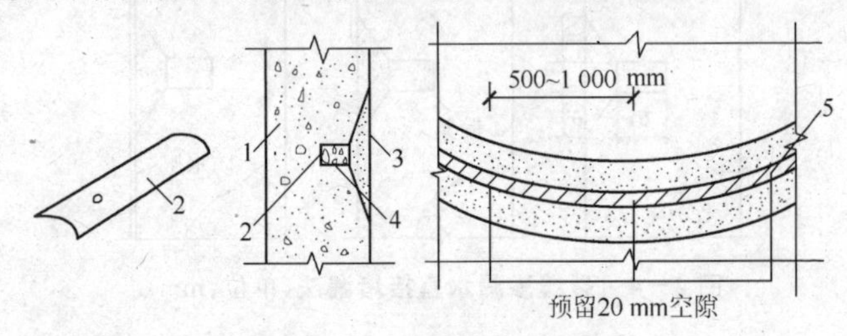

图 4—6　下半圆铁片堵漏法

1—结构物;2—半圆铁片;3—素灰;4—胶浆;5—预留溢流口

4. 其他漏水情况

(1)地面普遍渗漏水

地面发现普遍渗漏水,大多因混凝土质量较差。处理前,要对工程结构进行鉴定,在混凝土强度仍能满足设计要求时,才能进行渗漏水的修堵工作。条件许可时应尽量将水位降至建筑物底面以下。如不能降水,为便于施工,把水集于临时集水坑中排出,把地面上明显的孔眼、裂缝分别按孔洞漏水和裂缝漏水逐个处理,余下较小的毛细孔渗水,可将混凝土表面清洗干净,抹上厚为1.5 cm的水泥砂浆一层(灰砂比为1∶1.5)。待凝固后,依照检查渗漏水的方法找出渗漏水的准确位置,按孔洞漏水直接堵漏法一一堵好。集水坑可以按预制盒堵漏法处理好,最后整个地面做好防水层。

(2)蜂窝麻面漏水处理

由于混凝土施工质量不良而产生的局部蜂窝麻面的漏水,在处理时,应先把漏水处清洗干净,在混凝土表面均匀涂抹厚2 mm左右的胶浆一层(水泥∶促凝剂＝1∶1),随即在胶浆上薄薄地撒一层干水泥,干水泥上出现的湿点即为漏水点,立即用拇指压住漏水点至胶浆凝固,按此方法堵完各漏水点,随即抹上素灰与水泥砂浆,并扫成毛纹,最后按要求做好防水层。此方法适用于漏水量小、水压不大的部位。

(3)大面积渗水处理

修堵大面积渗漏水，应尽量先将水位降低，以便能在无水情况下直接进行施工操作。如不能降低水位，需在渗漏水情况下进行操作时，首先要认真做好引水工作，使面漏变成线漏，线漏变成点漏，最后按点的处理方法进行堵漏防水。

最常用的大面积渗漏水修补材料可选择水泥砂浆抹面、膨胀水泥砂浆、氯化铁防水砂浆、环氧煤焦油涂料、环氧贴玻璃布等。

1)慢渗。大面积慢渗，无明显水眼。约3～5 min才发现湿痕现象，相隔一段时间才聚集成一片水。处理方法可将明显漏水部位用五矾防水剂与水泥按1∶2配合比拌成胶浆堵漏止水，对渗漏不明显部位可用氯化铁或其他防水砂浆处理。

2)快渗。条件许可时应尽量先使水位降低。如不能降低水位，为便于施工可引水于临时集水坑排出，把漏水明显的孔眼、缝隙分别按“孔眼漏水”和“裂缝漏水”逐个处理，然后用水玻璃砂浆(水泥和砂子的比例为1∶2，水泥和水玻璃之比应根据施工适宜和易性来决定)进行抹面，方法与普通砂浆抹面相同，但必须压实并抹光。

参考文献

[1] 中国建筑工业出版社. 新版建筑工程施工质量验收规范汇编(修订版)[S]. 北京：中国建筑工业出版社、中国计划出版社，2003.

[2]《建筑施工手册》编写组. 建筑施工手册：第 3 分册[M]. 第 4 版. 北京：中国建筑工业出版社，2003.

[3] 中国建筑第八工程局. 建筑工程施工技术标准[M]. 北京：中国建筑工业出版社，2005.

[4] 中华人民共和国住房和城乡建设部. GB 50207－2002 屋面工程质量验收规范[S]. 北京：中国建筑工业出版社，2002.

[5] 中华人民共和国住房和城乡建设部. GB 50108－2008 地下工程防水技术规范[S]. 北京：中国计划出版社，2001.

[6] 中华人民共和国住房和城乡建设部. GB 50208－2011 地下防水工程质量验收规范[S]. 北京：中国建筑工业出版社，2002.

[7] 中华人民共和国住房和城乡建设部. GB 50345－2004 屋面工程技术规范 [S]. 北京：中国建筑工业出版社，2004.

[8] 项桦太，等. 建筑防水工程技术[M]. 北京：中国建筑工业出版社，1994.

[9] 邓仿印. 建筑工程防水材料手册[M]. 第 2 版. 北京：中国建筑工业出版社，2001.